"十三五"中等职业教育部委级规划教材

女装成衣设计实务

（第2版）

李 军 张 蕾 杨志辉 编著

U0242286

中国纺织出版社

内 容 提 要

本书围绕女装成衣设计岗位的工作流程展开，精选了具有代表性的各类成衣企业设计岗位的实战案例，对成衣设计岗位的工作流程，从收集流行信息材料、市场调研、产品定位、绘制设计初稿、定稿、制单、打板、样衣制作、试衣、改板、定款直至下单的每一步，都以图文并茂的形式进行了直观的展示和详细的讲解，同时，为读者展示了成衣设计常用的特种工艺和品牌实操案例。

本书用于成衣设计的教学，可作为服装设计岗前培训教材，也适合中等职业院校服装专业的学生和服装爱好者学习、参考。

图书在版编目（CIP）数据

女装成衣设计实务 / 李军，张蕾，杨志辉编著. --
2版. --北京：中国纺织出版社，2016.2
"十三五"中等职业教育部委级规划教材
ISBN 978-7-5180-2363-9

Ⅰ. ①女… Ⅱ. ①李…②张…③杨… Ⅲ. ①女服—服装设计—中等专业学校—教材 Ⅳ. ①TS941.717

中国版本图书馆CIP数据核字（2016）第034004号

责任编辑：宗　静　　责任校对：寇晨晨
责任设计：何　建　　责任印制：何　建

中国纺织出版社出版发行
地址：北京市朝阳区百子湾东里A407号楼　邮政编码：100124
销售电话：010—67004422　传真：010—87155801
http://www.c-textilep.com
E-mail：faxing@c-textilep.com
中国纺织出版社天猫旗舰店
官方微博 http://weibo.com/2119887771
北京千鹤印刷有限公司印刷　各地新华书店经销
2008年7月第1版
2016年2月第2版　2016年2月第2次印刷
开本：787×1092　1/16　印张：11
字数：102千字　定价：39.80元

第2版前言

随着服装产业结构的升级、市场竞争的深化，人们对品牌的追求促进了服装企业的品牌意识。企业自主开发产品意识的不断强化，使成衣设计成为服装企业发展的生命之源，立足市场的根本所在，企业对成衣设计人才的素质要求也就越来越高。然而，仍有相当一部分的服装企业缺乏对新人培养的耐心，都希望招到成熟的设计师。原因之一是服装生产的实效性太强，市场竞争的压力大；另一个主要原因是刚从学校出来的学生，理论性强，实践薄弱，从入行到能够独立工作都需要较长的培养时间，而培养好的人才往往容易跳槽，使企业的人力成本升高。服装设计师之所以成熟期长，主要是在校或社会培训期间，缺乏企业实践的机会，更缺乏相关的岗前培训。而目前图书市场的岗前培训教材几乎没有，相关设计方面的书大多侧重于设计理论阐述或技法的表现，导致学生对设计岗位的职责、工作程序缺乏了解，对于与成衣设计相关的特种应用工艺茫然无知，难以与其他相关人员沟通，使他们很难较快适应企业的岗位需求，设计的服装缺乏品牌意识，在生产上缺乏可操作性，与企业的产品开发要求有一定距离，使成功的概率降低。在此情况下，企业对职业教育提出了更高的要求。

编者多年的企业实践、调研结果、对服装专业学生就业情况的了解以及校友反馈的信息，都显示出服装设计教学过程不单是设计基础理论的灌输。在学生掌握基本知识的情况下，应该以案例分析的形式，使学生了解成衣设计的岗位职责、程序、常用的特殊工艺等，缩小学生专业素质与企业设计岗位要求的差距，使学生能更好地就业，在企业里很快胜任设计岗位，减少企业的再培养成本。

编者希望通过此书让学生了解成衣设计岗位的职责、程序，提高自主开发产品的实践设计能力，缩短岗位成才的时间，提高就业机遇。本书的编写以服装企业设计部门的实际运作案例为依据展开，承蒙各服装企业的大力支持，提供了大量的案例图片及编写意见，使本书能够体现各类型服装企业设计岗位的运作特点，更好地满足读者的需要，为未来的成衣设计者成才助一臂之力，在此深表谢意！

本书由李军、张蕾任、杨志辉编著，张允浩参与编著，第一章、第二章由李军、张允浩编写；第三章至第六章由李军编写；第七章由黄群英、杨志辉编写；第八章案例一由杨志辉编写，案例二由张允浩编写，案例三由张蕾编写。由于编者的水平有限，不足之处望各位读者批评指正。

编著者

2015年6月

第1版前言

随着市场竞争的深化，服装产业结构的升级，服装企业的品牌意识日益增强，企业自主开发产品的意识也不断强化，因此，企业对成衣设计人才的素质要求也越来越高。然而，培养一个成熟的服装设计师是一个较长的过程，主要是因为在校或社会培训期间，学生缺乏企业实践的机会，更缺乏相关的岗前培训。因此，大多数服装企业缺乏对新人培养的耐心，都希望招到成熟的设计师。目前图书市场的岗前培训教材品种不多，设计方面的图书大多侧重于设计理论阐述或技法的表现，导致学生对设计岗位的职责、工作程序缺乏了解，对于与成衣设计的相关特种应用工艺茫然无知，设计的服装在生产上缺乏可操作性的技能，新产品设计成功的机遇降低，使他们很难较快适应企业的岗位需求。

本书的编者通过多年的企业调研、实践，结合服装专业学生就业情况和校友的反馈信息，总结出一套更加适合职业教育的理论。同时认为，服装设计的教学过程不单是设计基础理论的灌输，而且在学生掌握基本知识的情况下，应该以案例分析的形式，使学生了解成衣设计的岗位程序、职责、常用的特殊工艺等，缩小学生的专业素质与企业设计岗位要求的差距，使学生在企业里很快胜任设计岗位，减少企业的再培养成本。诸如以上几个方面的原因，我们产生了编写此本实操性岗位培训教材的想法，使即将从事服装设计行业的学生或有志于服装设计的爱好者，通过此书了解成衣设计岗位的职责、程序以及不同部门的相互协作，提高自主开发产品的实践能力，缩短岗位成才的时间，提高就业机遇。

本书的编写以服装企业设计部门的实际运作案例为依据展开，承蒙各服装企业的大力支持，提供了大量的案例图片及编写意见，使本书能够体现各类型服装企业设计岗位的运作特点，更好地满足读者的需要，为未来的成衣设计者成才助一臂之力，在此深表谢意！

本书由孙进辉、李军任主编，杨志辉、黄文萍任副主编，第一章由黄文萍、李军编写；第二章由程正、李军编写；第三、四、五、六章由李军编写；第七章由黄群英、杨志辉编写；第八章案例一由杨志辉编写，案例二由张蕾编写。邹铮毅参与编写。全书由孙进辉统筹，李军统稿，本书的编写得到了惠州大学纺织服装学院院长吴铭的指导，在此表示衷心的感谢。由于编者的水平有限，不足之处望各位专家批评指正。

编者

2008年6月8日

目录

第一章　成衣设计概论

　　成衣设计随着成衣产业的升级，越来越被成衣品牌企业所重视，它是成衣品牌企业发展的原动力，是服装产业走向大工业生产的必然之需，也是满足人们追求服装功能和审美和谐的必然之需，是一个时代需要的体现。

　　随着我国成衣加工业走向成熟，规模庞大数量众多的成衣加工企业竞争异常激烈，曾经辉煌的来料加工业面临生存困境，接单出口加工贸易相较国际品牌企业，无品牌附加值，利润微薄，企业面临贸易壁垒而举步维艰。随着劳动力成本的增加，企业已意识到单靠出卖低廉的劳动力获利已不现实，低附加值的产品难以在国际上生存。而国内成衣市场随着经济的发展，市场规模越来越大，同时，人们生活水平的提高，对品牌的认知和接受能力越来越强。在满足了对服装基本的功能需求之后，对服装的审美提出了越来越高的要求，在此形势下，推出自己的服装品牌是企业发展的必然趋势，自主的成衣设计成为生存之道。发展自己的成衣品牌提高品牌的附加值，是企业掌握生存主动权，蜕变化蝶的必由之路。当然在此形势下，成衣设计师也就成为成衣品牌企业的生存之本，发展之源。

　　鉴于编者的经验，为了能更好地深入讨论，本书以女装为主展开。在了解女装成衣设计之前，先来简单回顾一下工业化成衣的发展演变，在此基础上，了解与成衣设计相关的一些概念，如成衣、设计、服装设计与成衣设计、服装与时装、高级时装与高级成衣、成衣设计师等，了解它们之间的关系，方便大家参阅本书，理解编者的意图，更好地为读者提供有益的见解。

第一节　工业化成衣产业的发展演变

　　"成衣"作为一个被行业采用的专业名词，它是现代社会需求和服装产业发展的时代产物，它在日常生活中出现的频率比"服装"、"时装"要小。相较高级时装，成衣有着更平民化的穿着意义和工业化的制作形式。在回顾成衣产业的发展演变之前，首先了解一下成衣的概念，以及服装与时装、高级时装与高级成衣之间的关系。

一、成衣的概念

　　成衣是近代服装行业中出现的一个专业概念，它是指服装企业按标准号型批量生产的成品服装。

它的特征是：批量化、标准化，适合车间流水作业，适合日常生活穿着。它被大多数人接受，人们的日常生活离不开成衣的装扮。

二、服装与时装

服装是人与衣服的总和，是人在着装后所形成的一种状态，它体现的是一种动态的、人与环境的美。而时装是指富于时代感的、时兴的、时尚的服装，有别于已经出现过的服装造型。在各种服装店里出售的时装为成衣。

三、高级时装与高级成衣

高级时装与高级成衣都能引导服装的流行趋势。区别在于高级时装是个性品牌，是奢侈品，高级时装发布会更多的是设计师个人风格的展现和竞相施展才能的舞台，更体现时尚元素。与高级时装相关的关键词有手工制作、量体裁衣、单件制作等，而高级成衣依然是工厂小批量生产的成衣，虽然可以被经营者称作款式领先、设计顶尖的佳品，但它们的制作形式、数量、价位说明它不是高级时装。作为高级时装，是根据客户的个人需要，量体裁衣、手工制作的时装，它倾注了设计师与制作者的才能与精力，体现了设计师与穿戴者的个人风格，是时装的最高形式与境界。

四、工业化成衣产业的发展演变

工业化成衣的发展演变是从20世纪初的欧洲开始，是现代机械大工业发展的必然产物。我们简单回顾一下其发展历程。从世界服装产业的发展轨迹看，大致经历了如下阶段。

1. 裁缝业

裁缝是小商品经济时代中服装业的主要形式，最初是以来料看样、量体定制为基本运作方式。法国的高级时装业可以称为这种业态发展的最高级形式。目前，这种形式仍然在我国一些农村及经济欠发达地区中少量存在。但是，随着社会经济文化的发展，人们生活方式的逐渐改变，这种业态的消费群体越来越少。

2. 成衣业

由于电脑平车、特种衣车等先进缝纫设备的出现以及现代化管理模式的引入，国内市场出现规模巨大的美国率先发展起大规模和高效率的成衣业，也一度使"成衣率"这个指标成为国际上衡量一个国家经济发展的重要指标。

3. 高级时装业

20世纪60年代开始，出于规避与美国成衣业竞争的初衷，在以法国、意大利和英国为代表的欧洲国家中率先形成并发展起了高级时装业。它是以"设计风格"与"品牌经营"为主导的新型服装业态，致力于对流行资讯、时尚元素的独特诠释，脱离了产品成本枷锁的桎梏，从而成为了服装行业时尚流行的风向标。经过近40年的发展，逐步形成了以高级时装业为龙头，高级成衣业、批量化成衣业逐级过渡的服装产业新格局。

进入21世纪后，服装业的形态发展并没有止步不前，时尚的概念已被引入到越来越多的领域，品牌化意识也日益渗透到越来越多的产品中，从而形成了一个更高层次的时尚产业。改革开放后的30多年来，随着"三来一补"服装企业在广东珠三角地区的兴起，揭开了中国服装产业从个体化裁缝业到规模化成衣业的转变序幕，也初步建立起堪称当今世界上产业链比较完整和就业人口比较多的大规模成衣产业。

但是，目前我国的服装产业与法国、意大利等服装业比较发达的西方国家相比，仍然存在许多亟待解决的问题：一方面，我国服装业虽然经过了近30年的发展，但是，至今为止还没有形成真正意义上的、有国际影响力的服装品牌和品牌企业，所以一直以来，中国服装产业总是紧跟国际时装流行趋势，却并不能引领国际时装流行趋势。事实上，随着国际经济形式的不断变化、中国产业经济的不断调整，服装行业所面临的人力资源优势和土地资源优势正逐步弱化。服装业要想保持健康有序的发展势头并在国际上取得话语权，就必须加快自主品牌化建设并充分参与到世界服装流行发布体系当中，以自己的流行主张赢得应有的地位。这是我国服装产业自身深化发展的必然诉求，更是服装产业发展的必然规律。另一方面，我国服装企业半数以上的产品都走向了国际市场，这部分企业大多数是"三来一补"加工型企业，它们具有强大的服装生产能力和产品物美价廉的优势，但是它们在产品设计开发、品牌营销等方面，能力都比较薄弱。

正因为如此，中国的服装品牌企业和中国的服装设计师要真正走向国际市场，尤其是到"巴黎时装周"这样的地方寻找发言权，就必须从国家战略的层面加快服装产业结构的调整，这对于改变和提升中国服装品牌在国际上的整体形象，尤其是对于正处于"成长期"的中国服装产业的长远发展，都有非常重要的意义。作为一个已具备强大经济实力的大国，在未来的10年到20年内，中国将会有接踵而来的优秀设计师和服装品牌走向巴黎、米兰、伦敦和纽约的任何一个时装周，而类似"中国北京时装周"也将作为继"意大利时尚""法国时尚""美国时尚"和"日本时尚"之后的又一大时尚势力，使世界时尚产业格局重新洗牌，对世界时尚界产生深远影响，这是指日可待的期盼。这些时尚软实力的形成，不仅需要顶尖的设计师和高级时装品牌，更需要有相当的国际水准的高级成衣品牌作依托，大批的成衣设计师作为成衣时尚产业的中坚力量作支撑。因此，成衣设计作为成衣业发展的必要手段，越来越被企业所重视，成衣设计师有着良好的发展前途。

第二节　成衣设计的基本概念

成衣设计作为产品设计的一个类别，同属于设计的范畴，在它的发展过程中所涉及的一些相关概念需要在此理清，本节从以下几个方面来展开讨论。

一、设计与服装设计

设计指设想和计划，凡是设计都是艺术和技术的结合，都具有功能和审美两方面的价值，都离不开材料，又不同于单纯的科学技术。现代社会各行各业都离不开设计，如产品设计、建筑设计、装潢设计、广告设计、环境设计等，都属于设计的范畴，设计是具有广泛含义的计划行为。

服装设计是构想一个制作服装的方案，并借助于材料和裁剪工艺使构想实物化的过程，是实用性和艺术性相结合的一种艺术形式。服装设计所遵循的准则是：功能、美观、合理。

服装设计属于产品设计的范畴，是针对服装的一种有具体目标的设计行为，因此，服装设计是设计的一个更小的门类。

二、服装设计与成衣设计

具体来讲，服装设计属于工艺美术范畴，目的就是解决人们穿着生活体系中诸多问题的、富有创造性的计划及创作行为。它是一门涉及领域极广的边缘学科，和文学、艺术、历史、哲学、宗教、美学、心理学、生理学以及人体工程学等社会科学和自然科学密切相关。作为一门综合性的艺术，服装设计具有一般实用艺术的共性，但在内容、形式和表达手段上又具有自身的特性，相较于成衣设计，服装设计具有更广泛的含义，舞台服装设计、礼服设计、婚纱设计、成衣设计等都隶属于服装设计范畴。

成衣设计就是开发适合服装企业按标准号型批量生产的成品服装的设计，设计的目标在于生活装，成衣设计是本书阐释目的所在。

一般在裁缝店定做的服装和专用表演的服装等都不属于成衣范畴。现代化成衣设计伴随着服装业的发展与科技进步、经济文化的繁荣以及人们生活方式的改变，由过去量体、裁衣式的手工操作逐步发展到大批量的工业化生产，形成了成衣设计的系列化、标准化和商品化。

三、成衣设计的要素

众所周知，服装设计是当今世界上潮流变化最快的设计行业之一。而成衣设计作为服装设计的一个重要分支，兼具时尚性、实用性、批量化和商业性等特点，由此也决定了成衣设计不是纯理论研究，不是孤芳自赏式的艺术创造，而是创意性、实用性、协调性、市场化和利润率等要素的综合体。

1. 创意性要素

创新理念是服装设计的灵魂，缺乏创意的设计注定是苍白的，最终无法得到消费者的认同，无法抢占市场的一席之地。因此，面对瞬息万变、错综繁复的各种流行资讯，我们必须学会用科学的方法对其进行归纳整理，及时捕捉最新、最有价值的信息。在不断的积累中摆脱他人构思的影响，经过梳理、提炼、转化和升华，形成具有自身风格特性的创新设计。

2. 实用性要素

实用性是工业化成衣区别于高级时装的一大特点。由于面对既定的目标群体，成衣设计过程中首先要考虑到产品市场定位群体的体型特征及相应的消费需求。例如，北方市场的秋冬装要注重原材料的保暖性和美观性的搭配；童装设计要考虑安全性和可调节性等。其次，要根据产品的市场定位和销售区域设计出完整的系列号型。例如，中老年服装号型的设置上限可适量增大；南方、北方市场的产品匹配可适当调整等。最后，要根据所属企业的品牌定位把握成衣设计的风格特色，通过各种有效渠道及时了解市场销售状况，反馈和处理相关市场信息。

3. 协调性要素

成衣业的前身是初级量身定制的裁缝业，它与后者作坊式的运作有着鲜明的区别。成衣设计是整个服装企业循环大生产中的一个环节，它不能独立于企业之外，需要和相关的各个部门进行交流与合作，特别是成衣销售部门、原料供应部门、工艺技术部门、质量控制部门等。设计研发部门与上述部门的协调程度，决定了服装成品的最终市场美誉度。例如，可以通过与营销部门的沟通，获得成衣款式市场销售的统计资料，准确把握热销款式和滞销款式的相关数据；通过与原料采购部门的沟通，协调原材料的供货是否畅通、替换品是否适合等；通过与工艺技术部门的沟通，使工艺人员正确理解设计意图，提高服装成品与设计效果的符合率，完善产品的实用性。因此，成衣设计的过程，是各个部门充分沟通、交流和合作的过程，是生产运作协调性的高度统一。

4. 市场化要素

衡量成衣设计成功与否的标准取决于消费者对服装成品的反映，取决于成衣设计与制作是否把握了市场需求，因此，成衣设计必须紧紧围绕着"从市场中来，到市场中去"的首要准则。清华大学美术学院纺织服装系副主任贾京生曾经指出，中国服装设计专业学生设计的效果图，常常能够高票入围许多服装大赛，但一旦进入成衣评选程序后，他们的作品往往就难觅其踪，显现出效果图与成品之间巨大的"落差"。他说，会画"霓裳图"还远远不够，更要学会将霓裳由效果图变成受人欢迎的服装产品。从"自我"走向"受众"、从"纸面"走向"成衣"、从"学校"走向"市场"，是成衣设计的重中之重。唯有如此，我们才具有服装的设计能力、市场的开发能力以及在服装企业中就职的持久力。

5. 利润率要素

面对激烈的市场竞争，对任何企业而言，追求既定范围内的利润最大化是不争的事实，因此成衣设计要将利润率的把握贯穿于设计行为的全过程。从设计原材料的选择，到产品的消费者定位，再到市场销售的策划等环节，无不体现着产品成本的概念。

总之，成衣设计是介于设计师创意与消费者的审美观以及实际需要者之间的产物。成衣设计的所有行为只有牢牢把握住上述五个要素，才能顺利、出色地完成设计开发任务，才能使产品产生良好的社会效益和经济效益。

第三节　成衣设计与设计师

一、成衣设计师应具备的能力

评判一件服装的好坏没有绝对的标准，任何款式的服装都有自己的市场，只是有市场大小不同的区分。消费者会依据自己的喜好或穿着目的来购买自己心仪的衣服，他们喜欢某件成衣基本都会从如下几个方面来考虑：色彩、款式、面料、工艺。而买与不买还要看消费者的价格承受能力和穿着需要，因此成衣设计师如何提高自己设计的成衣的市场销量，为厂家创造利润，从而彰显自己的设计实力，必须具备以下几个方面的能力。

1. 款式造型能力

款式即服装的格式、样式。又指构成一件服装形象特征的具体组合形式。而单纯造型的概念是指创造出占有一定空间的立体物体形象，从服装造型方面来讲，是指通过裁剪和缝制工艺手段构造立体的服装形象的过程。这个过程又包含了设计师对一件服装内部结构的经营和穿着体态把握。款式造型能力也就是成衣设计师的创造款式的能力，这种能力的高低直接影响了设计师款式的创新能力和款式的形式美。

造型即创造出立体的形象，指占有一定的空间的立体的物体形象。服装造型是指通过裁剪和缝制工艺手段，构造立体的服装形象的过程。服装造型在设计过程中又包括两个方面，即结构造型和体态造型（图1-1）。

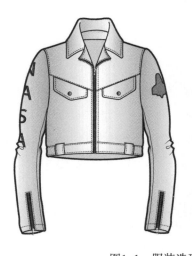

图1-1　服装造型设计

2. 色彩搭配能力

一件服装首先吸引人的是它的色彩，然后才近观其款式面料、做工等，可见色彩对于成衣的重要性。一件服装的款式、面料、做工都很好，但消费者也不一定购买，因为不是自己喜欢的颜色，或者色彩搭配不符合自己的审美需求，这是每个消费者都会遇到的事情。有市场经验的成衣设计师，会对同一款式用不同色彩搭配或者推出几种色彩的系列设计方式来解决这一问题（图1-2）。

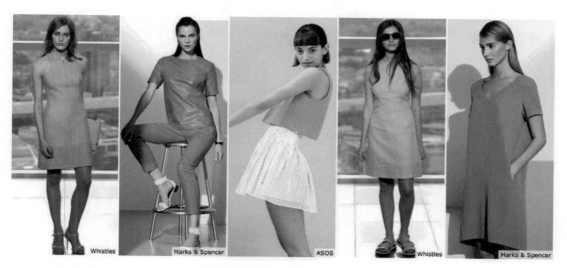

Pantone色彩由左至右依次是：14-5416 TCX, 17-2520 TCX, 14-6330 TCX, 15-2214 TCX, 15-6442 TCX

西瓜色系

传统配色粉搭绿今春少女服装市场有着重大影响。西瓜红点亮相众多高街零售商的春装发布会秀场，从电子商务巨头ASOS到更为现代的品牌，如Whistles和Marks & Spencer等。

图1-2

图1-2　色彩搭配

3. 裁剪制作能力

成衣设计师如果能够掌握一件服装从裁剪到制作完成的过程，便会了解从平面面料转换成立体服装的效果，帮助设计师采用合理的加工工艺，实现自己的设计效果，这也体现了设计师的造型能力。当然，服装的工艺美是服装的内在品质，现在的成衣工业，不只是把裁片缝制成整件衣服，聪明的设计师可以利用各种工艺方式为服装创造形式美。

4. 熟悉面料能力

熟悉面料的特性是一个成衣设计师的基本功，什么样的面料适合做什么样的服装，设计师必须拿捏得准，熟知面料的名称、市场行情、供货商，这对于自己的设计顺利完成有很大帮助。现在的成衣，涉及的面料丰富多彩，并且每季都有成百上千的新面料面市，需要成衣设计师不断地了解面料行情，为自己开发的新产品选择时尚的合适的面料，这是成功的基础（图1-3）。

5. 捕捉流行信息能力

一提起服装，人们一般都会将其与流行挂钩，这很自然，不流行的服装没有市场，无法创造利润。捕捉流行信息，体现成衣的时尚魅力，是每位成衣设计师的追求。

2014～2015春夏Minas Trend发布会趋势分析如图1-4所示。

图1-3　选择合适面料

运动风

运动风元素依旧是Minas Trend发布会上的重要趋势，其大面积装饰外观的短夹克、多孔材质、慢跑裤和稍型针织上衣成为亮点，此外，透明感效果和层叠感设计也是关键趋势。

Aurea Prates spring/summer 2014/15　　*Abertura spring/summer 2014/15*　　*Aurea Prates spring/summer 2014/15*　　*Plural spring/summer 2014/15*

图1-4

柔美风

这种柔美风款式风格灵感来自20世纪50～60年代的款式，其紧身连衣裙、铅笔半身裙、系扣式衬衫和喇叭型连衣裙成为关键单品。

Abertura spring/summer 2014/15   *Mabel Magalhaes spring/summer 2014/15*   *Fabiana Milazzo spring/summer 2014/15*   *Lucas Magalh?es spring/summer 2014/15*

露腹上衣

从合身到宽松感糟型设计的露腹上衣成为焦点，其满地印花图案和装饰元素也是大热细节。

Abertura spring/summer 2014/15   *Aurea Prates spring/summer 2014/15*   *Lucas Magalh?es spring/summer 2014/15*   *Faven spring/summer 2014/15*

紧身连衣裙

醒目亮色和满地图案给本季必备紧身连衣裙单品带来新意，完美贴合本季柔美风主题风格的最佳选择。

Lucas Magalh?es spring/summer 2014/15   *GIG spring/summer 2014/15*   *Faven spring/summer 2014/15*   *Abertura spring/summer 2014/15*

裙裤

多变裙裤单品开始成为替代新一季大热的中长款半身裙的选择，运用透明感面料和考究感比例细节呈现。

| Fabiana Milazzo spring/summer 2014/15 | GIG spring/summer 2014/15 | Fabiana Milazzo spring/summer 2014/15 | Plural spring/summer 2014/15 |

图1-4　发布会趋势分析

6. 了解人的能力

设计服装的目的就是为"人"服务，那么了解人、特别是目标消费群的品位是必然的，了解他们的生活环境、经济状况、审美、价值取向、心理需求、穿着目的、地域、宗教、文化、族群等因素，有利于成衣设计师准确把握设计思路，更好地为目标消费群服务，实现自己的市场价值。

二、成衣设计师工作流程

成衣设计包括两个方面：一是构思和表现，二是制作和穿着。其中构思和表现是由设计师独立完成，制作和穿着是由设计师自己或别人协助进行的，包括选料、裁剪、缝制及穿着效果的修正，它是以服装的实物制作为完成标志。

成衣设计的一般过程：

1. 准备阶段

捕捉流行信息，了解市场和消费者的需求。

2. 构思阶段

根据信息进行研究分析，多联想和想象，努力寻求思维创意的线索。

3. 表现阶段

描绘和表现所构想的服装形象阶段，即把头脑中虚拟的服装转化为具体的服装。表现有三种方式：款式图、效果图、时装画。

4. 制作阶段

修改完善的阶段要经过制版、裁剪、工艺选择的过程。

5. 整理阶段

成衣制作完成后把它穿在人台或真人身上，观察成衣的穿着效果，包括调整饰品的搭配。

由此，我们可以总结出成衣设计师工作的一般流程：收集流行信息材料→产品策划→绘制设计初稿→定稿、制单→打板→工艺制作→试衣、改板→定款、下单。

正是由于成衣设计自身的特性，决定了成衣设计师必须始终围绕着时效性、实用性、市场化、利润化的原则，在工作中多一些理性的思考，少一些感性的臆断。设计师要清醒地认识到，成衣设计是以市场为准则的工作，针对季节不同、地区不同、经济条件不同等诸如此类的因素，都需要我们在设计过程中给予细节上的配合。同时，由于目标消费群体的个体性差异，也会影响消费者的需求，使消费者对服装的色彩、造型、材料的要求存在着差异。因此，成衣设计必须始终坚持以消费者为本，坚持"从市场中来，到市场中去"，以开拓的、敏锐的视角捕捉时尚流行元素，并将上述各个方面进行有机地组合。

第二章　服装流行的因素

　　成衣的设计离不开对流行的紧密追踪，了解和掌握服装流行的基本规律是学好成衣设计的必经途径。影响服装流行的因素是多方面的，这与人们所在的地域、当地的气候条件、政治、经济、科技、文化、艺术、宗教、民俗、战争、社会热潮等息息相关。成熟的设计师都会去了解服务对象所处的环境，感知这些综合因素，进行综合的分析，加以提炼，在成衣设计中有所扬弃。

第一节　影响服装流行的各方面

一、地域

　　地域的不同和自然环境的优劣，使得服装形成各自的特色。世界各地的服装都是顺应着本地域的自然条件而发展的，地域概念对成衣设计也有独特的影响（图2-1~图2-4）。

图2-1　中国德昂族青年

图2-2　藏族妇女

图2-3　英格兰青年　　　　　　　　　　图2-4　也门女青年

二、气候

　　从某种意义来说，气候的特征会决定当地成衣风格。热带和寒带、沙漠性气候和海洋性气候的人们，都有各自的服装模式。气候恶劣地区的人们的着装可能更注重功能的需要，服装流行对人们影响小；而气候条件越是优越的地区，人们的着装局限性小，服装流行对人们的影响就越大（图2-5~图2-8）。

图2-5　爱斯基摩儿童——传统与时尚共存　　　　图2-6　加纳青年

图2-7　美国女青年　　　　　　　　　　图2-8　德国青年

三、政治

　　成衣随着各个历史时期的政治变革，均不同程度地随着潮流演变。民主革命时期，提倡在外来式样的基础上进行改制，取西式服装的轻便实用结构及中式服装的严谨中庸的着装文化而产生的"中山装"是当时的典范（图2-9）。

四、经济

　　经济的蓬勃发展极大地推动成衣的发展。例如，我国对外开放的政策带来了经济的腾飞，经济的发展又带来了思想的进步和审美观念的变迁，国内服装文化得到翻天覆地的变化，人们的着装不仅局限于蓝、绿、黑、灰。款式也不再限于中山装、西装几种样式。生活质量的提高，外来文化的传播交流，人们的审美逐步与世界接轨，追求时尚，崇尚个性的着装风格是人们的普遍心理，体现在成衣上，就是丰富的色彩、多变的款式、快速多变的潮流、个性化等特点，新材料、新的加工技术的不断出现为成衣的流行推波助澜。经济越是发达的地区，服装的流行变化越迅速，对着装的要求越高，因此，成衣设计必须要考虑销售地区的经济因素，这影响到成衣的定价、采用的面料、材料、加工要求等因素。如图2-10～图2-14所示为人们在不同经济条件下的穿着。

图2-9　着中山装的孙中山

图2-10　20世纪80年代初的北京青年

图2-11　20世纪80年代的农村女青年

图2-12　20世纪90年代进城务工的女青年

图2-13　20世纪80年代末的北京女青年

图2-14　21世纪初的上海时尚少女

五、科技

　　科学技术的发展推动了服装的流行。例如，随着生物技术的发展，人们种植出了彩色棉，彩棉面料制作的环保服装，色彩自然不褪色，健康环保大受欢迎。又如，随着纺织技术的发展，莱卡面料、大豆纤维、木纤维面料也已面世，并广泛应用于制作各类服装。伴随着各种生产技术的不断创新，用于制作服装的新面料、新材料层出不穷，作为成衣设计者要善于捕捉这方面的信息，把适合的新材料应用于成衣设计中，可以达到事半功倍的效果。科技作为第一生产力，不断改善着人们的生活，也改变着人们的观念，在服装流行审美中也是如此。例如，20世纪70～80年代，航天技术的重大发展，吸引着人们对太空的关注，服装也受到了很大的影响，出现了被称为"来自太空的设计"的白色系列超摩登组合服装，太空色彩、太空图案也成为一时的流行主导趋势（图2-15、图2-16）。

图2-15　新概念登陆火星太空服

图2-16　对于太空的联想设计——"零重力"

六、文化

　　成衣设计需要吸取东西方文化的营养。西方服装文化，在结构上，强调三维效果，着力于体现人体曲线，重视客观化的美感。东方传统文化，在结构上，常用两维形式，传统服饰中使用平面剪裁方法，不注重人体的曲线，使身体与服装之间显得宽松。各地区人们文化素质的差别也影响了人们的着装倾向，在色彩的倾向、图案的选择、穿着搭配、审美等方面都会有所区别，设计者应在各民族文化里吸取营养，开阔视野，拓展设计路子，使自己的设计服务于更多的群体（图2-17～图2-20）。

图2-17　巴黎高级时装（一）

图2-18　巴黎高级时装（二）

图2-19　日本传统服装

图2-20　朝鲜传统服装

七、艺术

现代成衣设计更为广泛地借鉴各种艺术流派形式。成衣设计从时装发布会的时装设计师的作品中，借鉴多种元素服务于自己的设计是一般常用的方法，而创新型的成衣往往从其他的艺术形式中借鉴和吸取营养，激发创作灵感从而创作出来，占据潮流顶端，这些相关的艺术形式很多，如绘画、书法、建筑、雕塑、剪纸等都可以成为成衣设计的灵感源泉。文明开放程度高的地区或艺术修养较高的群体，对艺术的欣赏和包容程度较高，因此对成衣设计的要求也就较高（图2-21～图2-24）。

图2-21　波普艺术

图2-22　仿生艺术

图2-23　建筑艺术（一）

图2-24　建筑艺术（二）

八、宗教

宗教对一些有着特定信仰族群的成衣设计有深远的影响。人类最初对服装的需求也许并非出自明确的审美目的，而在很大程度上是出自宗教信仰和图腾崇拜。教义也往往反映在信徒的服装形式上。在面向宗教地区的成衣设计中，要了解人们宗教信仰的基本禁忌和崇尚，有利于成衣产品的市场推广（图2-25、图2-26）。

图2-25　信仰基督教的意大利新娘

图2-26　信仰伊斯兰教的阿联酋女青年

九、民俗

民俗与习惯是世代相传的，它会反映在成衣设计上。人们在着装上所表现出来的民俗习惯，一般是受长期居住地区的自然条件和生活方式的影响而逐渐形成的。这种习惯的养成利于人们的生活和劳动，成熟的设计者善于将其借鉴运用到成衣设计中，引起消费者的共鸣（图2-27）。

图2-27　柯尔克孜族青年在传统活动中的着装

十、战争

历史上，每一次大的征战都会给服装的传播和交流带来一定的影响与变化。例如，战争作为极端事件刺激人们的感官，频繁出现在电视屏幕上的军人着装形象，影响着人们的穿着倾向，对军人的崇拜，使人们愿意模仿军人的穿着，从而逐渐成为流行，因此，战争在一定时期会对成衣设计产生影响（图2-28、图2-29）。

图2-28　海湾战争时的美军服装　　　　　图2-29　战争因素对时装的影响

十一、社会热潮

　　社会热潮也是成衣设计的推动力之一，政治热潮、文化热潮、体育热潮等都会波及服装的流行，特别是现在人们普遍崇尚运动健康，从而使体育赛事成为服装流行的重要助推因素（图2-30～图2-33）。

图2-30　2006年世界杯意大利夺冠　　　　图2-31　欢庆胜利的球迷

图2-32　意大利国家队球星托蒂

图2-33　意大利女球迷

综上所述，服装的流行是各方面综合因素相互制约、相互碰撞从而被激发的，它离不开成衣设计师敏锐的社会洞察力，也离不开成衣设计师的参与和引导。

第二节　我国服装流行的预测系统和协调系统

随着服装业态发展的成熟，服装业发达的国家都相继建立起自己的流行预测协调发布系统，我国在服装流行趋势的预测研究方面也建立了一套既适合我国服装发展现状又与国际流行趋势相一致的预测方法和体系。定期发布每个服装季的流行趋势，为整个服装及周边行业提供参考依据，指导相关行业协调运作生产。

一、预测系统

预测系统其主要内容包括定性感知分析、定量参考、交流探索、定性判断等环节。定性感知分析是预测的第一步，它要求有关专家运用多维性思维和创造性思维去感知和体会。其感知的范畴应相对宽泛一些，包括政治、经济、文化、艺术、哲学、美学、心理学等在内的主要制约因素。感知这些因素以什么样的形式反映到服装流行趋势以及审美观念之中，对于服装流行产生什么样的影响和作用，消费者对流行趋势的认可和接受程度等。并对当代的宏观背景（社会运动、新思潮、新观念、重大事件等）、中观背景（审美倾向、生活方式、消费观念等）、微观背景（服装相关行业的流行变化、科技新成果、以往服饰流行的形态等）进行综合思考，研究其流行动向。

二、协调系统

协调流动系统主要是指一个中心、两个衔接、三段发布、四个工作环节，以保证其发布与推广。

一个中心，围绕新的流行服装风格为中心，进行流行资讯的发布推行，避免服装的上、中、下游三个工业部门各行其是，其色彩、纱线、织物、辅料都应围绕新的服装造型和着装风貌的实施来进行。

两个衔接，主要是指成衣流行趋势的两个时装季节（即春夏和秋冬）与人们实际着装季节春夏秋冬四个季节的衔接，两个时装季节和服装的上、中、下游工业部门的服装发布会、订货会的衔接。

三段发布，采取发布和展销相结合的形式，即色彩、面料（包括辅料）、服装，分为三个阶段进行发布和展销，并紧紧以流行风貌为中心来进行。

四个工作环节：流行预测→设计发布→流行宣传→流行推广四个环节之间的相互协调和衔接。

案例一：2015春夏巴黎Texworld面料展会分析（图2-34～图2-46）

图2-34　2015春夏巴黎Texworld面料展会分析

图2-35　关于巴黎Texworld面料展

Bharat Silks

Stylesight对于这家印度丝绸公司的作品情有独钟，该公司为2015年春夏季推出印花或提花亚麻及纤维胶混纺。

Northern Linen

这家荷兰亚麻公司推出独特的经过全球有机纺织品标准认证的纯有机亚麻或混纺亚麻，其重量为135到每平方米260／克。

中富纺织有限公司

这家香港印花商及供应商更新透明薄纱趋势，展示有趣的棱织设计，包括粘胶纤维／涤纶蚀刻图案。

图2-36　精选面料

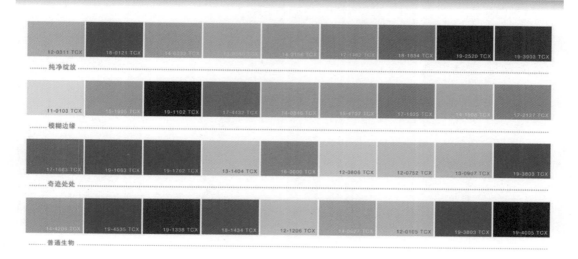

图2-37 2015春夏巴黎Texworld面料展色卡

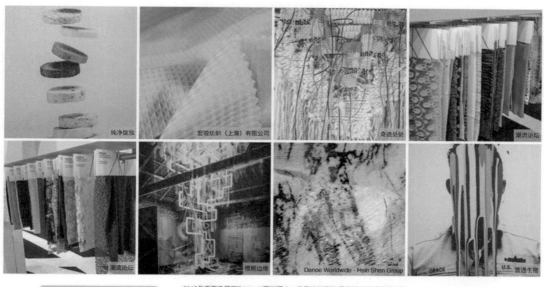

图2-38 混搭

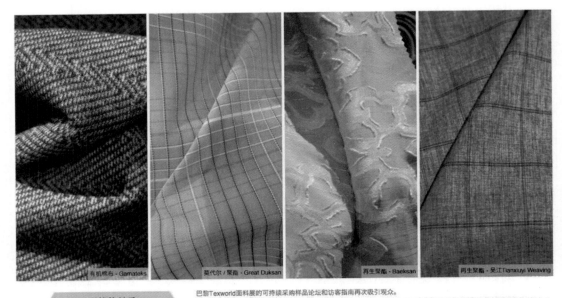

图2-39　可持续材质

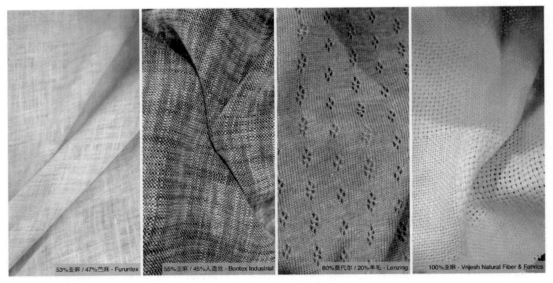

图2-40　植物格调

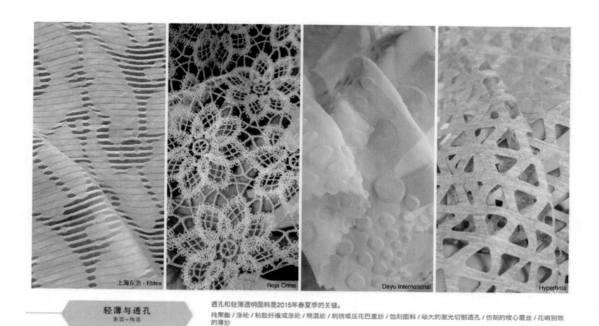

轻薄与透孔
表面+构造

透孔和轻薄透明面料是2015年春夏季的关键。

纯聚酯／涤纶／粘胶纤维或涤纶／棉混纺／刺绣或压花巴里纱／蚀刻面料／硕大的激光切割透孔／仿制的棱心蕾丝／花哨别致的薄纱

图2-41　轻薄与透孔

精致花哨
表面+构造

在花式织物、提花织物和错综复杂的材质中，紧凑的编织依然大量运用于女士服装。

涤纶基布／纹理3D效果／抽象、做旧的表面图案极具新意／柔和、微妙的色彩混合

图2-42　精致花哨

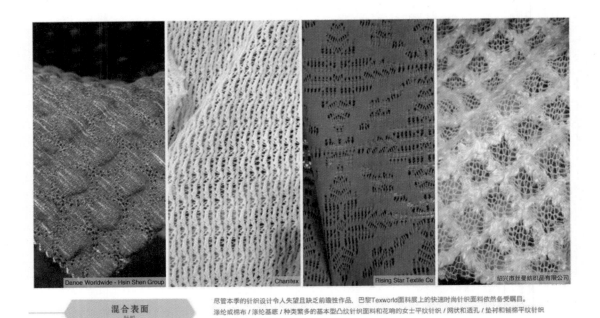

图2-43　混合表面

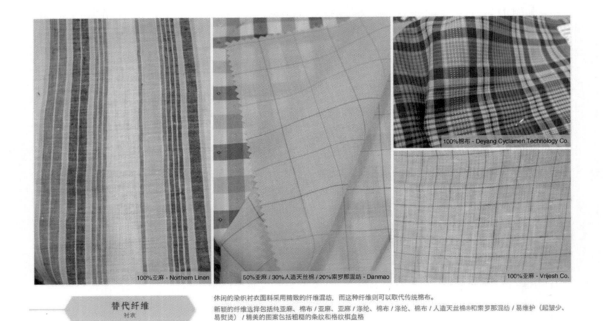

图2-44　替代纤维

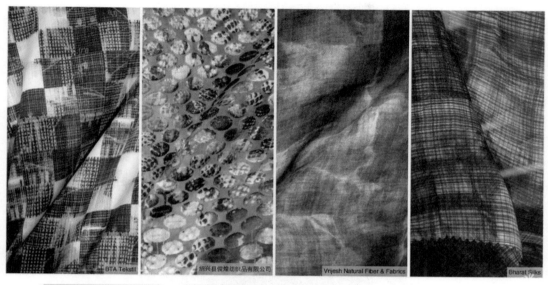

设计组合
印花 + 图案

抽象元素构成更具前瞻性的印花，而装饰性极强的花卉主题则展现手绘效果。
混合的设计工艺 / 以数字印花为主 / 梭织和针织基底 / 刻意的不精确设计 / 模糊设计 / 褪色的模仿效果 / 抽象的铅笔素描元素

图2-45　设计组合

手工装饰
装饰 + 辅料

串珠饰和珠片依然是展会上最受关注的配饰系列。
精美的饰珠项圈和边缘嵌花 / 民族风和蔓藤花纹元素启发图案设计 / 莱茵石或奢华造型 / 抽象设计和风格化外观为亚洲配饰系列注入优雅感

图2-46　手工装饰

案例二：纺织面料设计灵感——织锦

2014年2月纽约大都会艺术博物馆全球织物展和2014年2月巴黎现代艺术博物馆礼仪主题展会的展品都将织锦的复杂与壮观展现到了极致。不过，两场展会都提出了同一个问题：制作一幅传统织锦需要耗费复杂的手艺和大量的时间，这是否意味着这种艺术形式只能存在于艺术史册中？

然而，与利用现代科技高速生产出的织物相比，传统织锦耗费大量人力的自然属性形成了有趣的对比。织锦手工艺的分量、体积和属性的复杂性令人着迷（图2-47）。

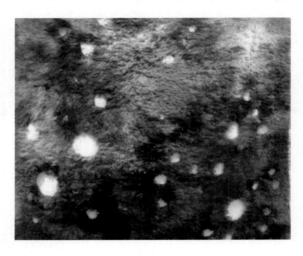

图2-47　织锦艺术

重点分析

（1）"卜筮"风格：宗教仪式感的古旧感纹理，磨损处理的面料和表面。

（2）"数据"风格：二进制数据呈现在像素化多彩织锦上。

（3）"色彩嵌套"：将色彩渐变应用于色块或弯曲的波状图案中。

（4）概念织锦：极为简化的形式，只保留了悬空的纱线。

（5）废料缝合：大规模的手工拼接地毯。

（6）废弃物：将地毯碎片废物利用，运用钩织工艺组合成新的地毯。

（7）动物世界：动物图案或者织锦罩子引发了人们对自然的遐想。

（8）"幽默"风格：幽默的标语和卡通呈现了现代的叙述结构。

"卜筮"风格

艺术家Anna Betbeze在手织粗厚绒面地毯（最近是毛巾布和毛巾布浴袍）上进行仪式化的刻、划、烫。产生的效果是宗教化的虔诚感和古旧感，还带有一点愤怒和叛逆。作品所表达的意思蕴藏于地毯的原始图案中，或后来的刻意磨损的痕迹上，或者两者兼具（图2–48）。

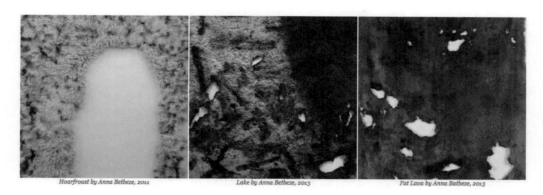

Hoarfroast by Anna Betbeze, 2011　　*Lake by Anna Betbeze, 2013*　　*Fat Lava by Anna Batbeze, 2013*

图2-48　"卜筮"风格

"数据"风格

考古学家称基本编织工艺为人类最早的二进制数据系统。现代织锦艺术家由像素化的新闻图片和科技手段获取的太空图像中提取意象，以织物的形式重新诠释了"数据"这个概念（图2-49）。

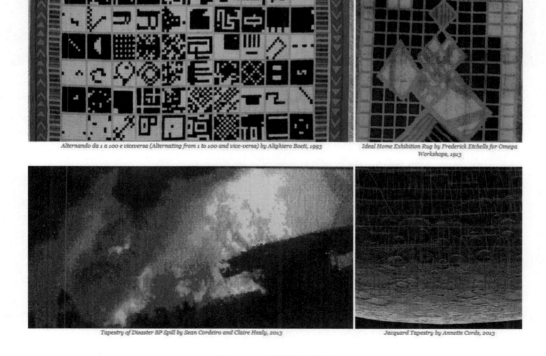

Alternando da 1 a 100 e viceversa (Alternating from 1 to 100 and vice-versa) by Alighiero Boeti, 1993　　*Ideal Home Exhibition Rug by Frederick Etchells for Omega Workshops, 1913*

Tapestry of Disaster BP Spill by Sean Cordeiro and Claire Healy, 2013　　*Jacquard Tapestry by Annette Cords, 2013*

图2-49　"数据"风格

"色彩嵌套"

几百年来，织锦艺术家一直对微妙而丰富的渐变色有着兴趣。尤其是手艺精巧的艺术家和手艺人，灵活运用嵌套式同色渐变来达到期望的效果（图2-50）。

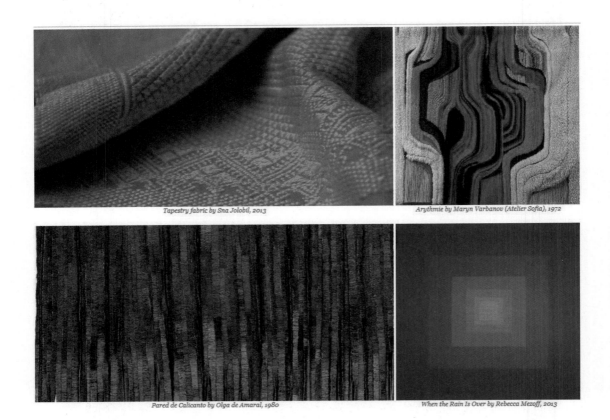

Tapestry fabric by Sna Jolobil, 2013

Arythmie by Maryn Varbanov (Atelier Sofia), 1972

Pared de Calicanto by Olga de Amaral, 1980

When the Rain Is Over by Rebecca Mezoff, 2013

图2-50 "色彩嵌套"

概念织锦

在织锦制作过程中，如果目标不是做成一个特定的物品，那么可以省去多少不必要的细节呢？艺术家Pae White几乎抽掉了所有内容，只保留了经线。艺术家Latifa Echakhch只保留了流苏和镶边（图2-51）。

废料缝合

将废料缝合制成的地毯和挂毯在传统意义上是微不足道的家庭手工艺品，通常是在自家桌子上或者织布机上做出来的。循环利用的材料唤醒了人们的对旧日时光的回忆，使人深切地感受到在制作这样一幅织锦的过程中那漫长的时光与闲谈（废料缝合）。

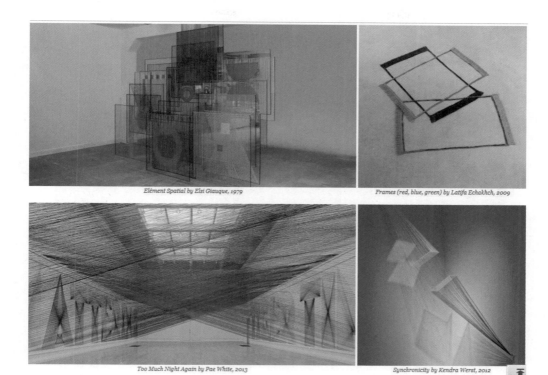

Elément Spatial by Elsi Giauque, 1979

Frames (red, blue, green) by Latifa Echakhch, 2009

Too Much Night Again by Pae White, 2013

Synchronicity by Kendra Werst, 2012

图2-51　概念织锦

Weaving Workshop by Michael Beutler, 2009-2013

Collaborative rag tapestry by Ramekon O'Arwisters, 2013

Bias Fray tapestry by Georgia Dare Kennedy, 2013

Bias Fray tapestry by Georgia Dare Kennedy, 2013

图2-52　废料缝合

废弃物

　　艺术家Constance Old痴迷于收集她生活中的各种碎纸片和废纱线，从购物袋、购物收条，到其他废品和旧衣服。她运用钩织手法将这些材料组合成一幅地毯，赋予了它们新的生命和意义（图2-53）。

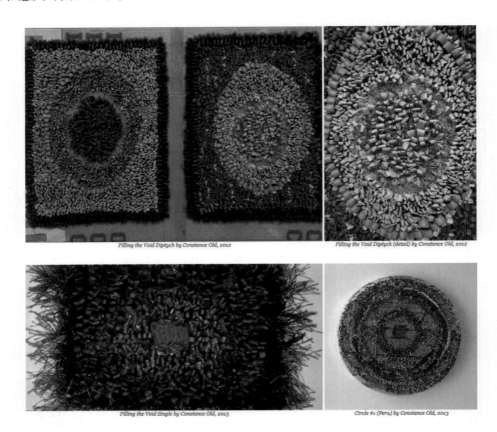

Filling the Void Diptych by Constance Old, 2012

Filling the Void Diptych (detail) by Constance Old, 2012

Filling the Void Single by Constance Old, 2013

Circle #1 (Peru) by Constance Old, 2013

图2-53　废弃物

动物世界

　　动物世界固有的生机与活力使织锦艺术面临新的挑战，向三维立体结构发展。夫妻二人组Frederique Morrel在雕塑上覆以织锦。其他艺术家或使用多层次材料，或打破常规的方形形状，以迎接这个挑战（图2-54）。

"幽默"风格

　　最近，艺术家Leslie Giuliani在教知名的《纽约客》卡通画家Roz Chast钩织地毯。他们共同创作的作品中表现出的幽默提醒了人们：即使传统工艺，也可以承载各种各样的无厘头的概念和实物（图2-55）。

Wild Boar by Frédérique Morrel, 2013

Pteras Swoop by Sheila Hicks, 2011

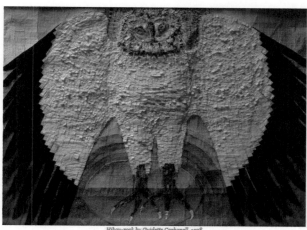

Hibou-rock by Guidette Carbonell, 1978

Gibbon by Daniel Dewar and Gregory Gicquel, 2011

图2-54 动物世界

Carrots and Peas by Roz Chast, 2013

Devil and Bunny by Leslie Giuliani, 2007

图2-55

图2-55 "幽默"风格

案例三：2007/2008春夏服装面料与色彩流行趋势

一、清爽旅游（图2-56）

抛下所有日常烦人的琐事，背起行囊，踏上只属于自己的旅途。为了寻找昔日对生活的兴趣，透明、新鲜的色彩会使你重新充满活力。新鲜的空气能使疲劳的身心感受到舒畅和清新，而温暖的阳光、大自然的魅力会让你回忆起儿时美好、快乐的时光。沐浴在阳光下的既寂静又亮丽的阳光色彩系列传达的是夏日新鲜、快乐的气息。

图2-56 清爽旅游

二、浪漫回归（图2-57）

此设计灵感来自于似蒸汽过滤般古罗马人浴室中细致的线条以及浓厚的宗教气息。似乎感觉得到虔诚的温泉修养使我们疲惫的身躯得到释放。矿石色、金属色、肤色、透明的棉质系列针织等。

图2-57　浪漫回归

三、阳光明媚的春日午后（图2-58）

图2-58　阳光明媚的春日午后

当温暖的春日阳光斜映在你的床边时，你会想抛掉一切烦人的事情，想象在广阔的海洋和神秘的大自然中翱翔。复古、柔和的色调以及强有力的白色系列衬托出更加年轻的你。柔和的色调展现的是温柔、单纯、时尚的外套系列。

四、宁静的海边（图2-59）

图2-59　宁静的海边

平静的海浪带走了沙滩上深深的脚印，却送来了五彩缤纷的贝壳，给人们留下的是神秘的诗一般的灵感。舒适宽大的线条能够使你充分享受夏日的海风。吸管状、条纹、透明的棉质系列。

五、海岸的杰作（图2-60）

依偎在大海的怀抱里，试着在周末的早晨忘记所有城市中的烦恼。舒适的海边将灵感和身心完美地结合在一起，设计出如此时尚、干净利落的条纹图案。

六、快乐阳光（图2-61）

轻轻地闭上你的眼睛，尽情沐浴在这温暖的阳光里。在这充满华丽的聚会、清新的野餐的夏日，映射出阳光下婀娜多姿的美丽身影。象征着太阳的圆形刺绣和阳关般的色彩以及在夏天的聚会里足以匹配你高贵、华丽的身型的蕾丝花边连衣裙，展现出了女性自然、优美、清爽的魅力。

图2-60 海岸的杰作

图2-61 快乐阳光

案例四：2006/2007秋冬服装面料与色彩流行趋势

一、明快温情（图2-62）

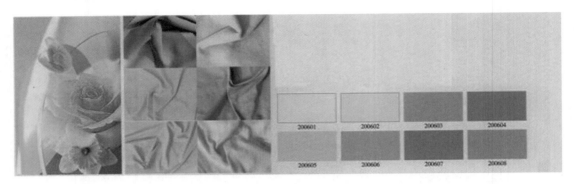

图2-62　明快温情

二、闲适雅致（图2-63）

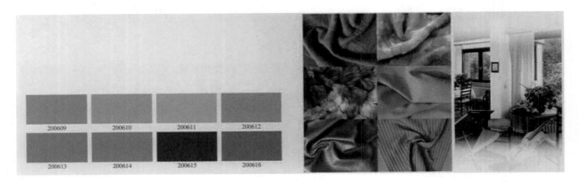

图2-63　闲适雅致

三、惑光魅影（图2-64）

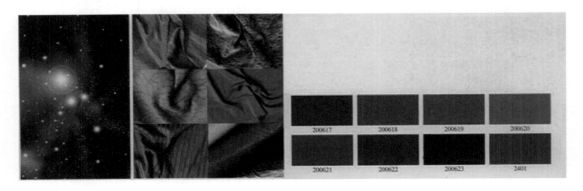

图2-64　惑光魅影

四、自然清纯（图2-65）

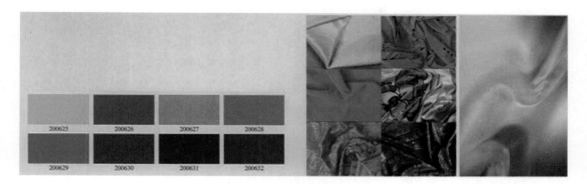

图2-65　自然清纯

第三章　成衣产品开发

　　服装企业每季的产品开发，对于品牌企业来讲，是在设计总监的主导下，由设计部门主导结合销售部门提供的服装销售信息进行分析，并由设计总监和设计师一起，通过对影响服装流行因素的综合评估、分析，搜集汇总各种流行资讯，包括流性色、流行面料、装饰材料、新工艺、相关行业的时尚信息、新的生活时尚等，总结出下个季度的流行趋势，对下个季度的产品开发进行预测，确定新产品的特点，结合原有的产品风格设计出适销的新款式。

　　服装产业作为我国的支柱产业之一，有着庞大的企业群。随着经济的发展、社会消费水平的不断提高，成衣企业单纯靠来料加工或模仿他人产品来获得利润的方式越来越难，因此产品开发成为品牌服装企业的首要任务。产品开发既然是一个企业的生存之本，服装设计者就应把自身的个性与企业的产品定位很好地结合起来，设计出适销对路的产品，满足消费者的需求，为企业创造最大化的利润，才是真正成功的设计师的本分。

　　当前国内的具备服装产品开发的服装公司，从结构上看，有的是设计、生产、销售各部门齐全的公司；有的是兼具设计、销售但无生产车间的公司；有的是设计开发出卖新款的服装设计工作室等。对大多数设计师而言，能就职于各部门齐全的大的服装公司是一件值得高兴的事，但是对于刚从学校毕业的设计专业的学生而言，能够就职于小的服装公司或一些服装设计工作室，能够更好地直接接触到与设计相关的制板、生产、特种工艺处理、销售等环节，得到更多的实战锻炼，为自己今后的设计工作打下基础。因此服装设计从业人员就业时，应考虑自己的实际情况选择就业方向，同时因为服装市场的竞争越来越激烈，服装企业的产品定位越来越细化，服装设计者就业时，还要考虑自己的特长，在应聘时最好先了解熟悉企业的产品特点，为自己的应聘做好准备，提高应聘成功的概率。

第一节　市场调研

　　产品策划就是产品开发部门通过对市场的调研，确定产品的市场定位，包括产品的风格、消费群、价位等。成衣产品开发同样如此，所以成衣产品策划离不开市场调研，市场调研是设计师的首要任务。

一、对消费市场的认识是成衣设计者不容忽视的

成衣设计的构思必须建立在市场的消费需求上，也就是要迎合消费大众的口味，所以，设计成衣首先需要了解成衣市场。而从事成衣设计的工作者，更需要随时随地地进行市场调研和分析，客观、准确地了解市场的需求。

二、从市场中来，到市场中去

由于季节的不同、地区的不同、经济条件的不同等消费者自身诸多因素的差异，这些都将直接影响消费者的需求，使消费者对服装的色彩、款式、面料的要求自然有所差别。设计师要清醒地认识到，成衣设计是一种开放性的工作，是一种以市场为准则的工作，成衣设计绝不能闭门造车，也不能只以自己的主观判断来行事，一定要"从市场中来，到市场中去"。

三、根据消费者的购买行为进行服装设计

消费者在购买服装时往往会考虑整体搭配，因此在产品开发时，应考虑款式的系列性、可搭配性以及关联产品的配套设计。

四、了解把握影响消费群购买行为的因素

（一）心理因素

随着经济的发展、生活水平的提高，人们对穿着的要求已不仅满足于基本的生理需求，更加倾向于追求审美情趣，追逐时尚，表现自我的个性需要，通过市场调研，了解消费者的购买心理是成衣设计的有效手段。

（二）经济因素

消费者的购买行为主要是由其经济收入决定的，根据自己品牌的服务人群的收入和购买的心理需求确定产品的价位，并且在设计时根据色彩、款式选择合适价位的面料辅料、做工配饰特种工艺处理等，使设计生产出的服装适合目标消费群的购买力。实现产品向商品的转换，获得利润。

（三）社会文化因素

消费者因所在的地域不同，都生活在一定的社会文化环境中，有着基本相同的价值观和态度，遵循他们文化的道德规范和风俗习惯，不同文化背景的消费者有着不同的购买行为，要多了解自己品牌目标消费群的特性，例如：穿着习惯、工作环境、社交生活习惯、形体上的特点，考虑消费者的民族、种族、宗教、地理、基本阶层、相关群体等背景因

素，在设计中体现他们的文化品位，体现他们的文化体征，才能使自己的设计得到市场的认可。

通过上述基本市场调研，摸清各类服装的市场份额和消费者潜在的需求，确定目标市场，为自己的品牌找准对象或为已有品牌找出新的切入点，通过对色彩、面料、款式、饰品、工艺、新技术、时尚元素等的综合运用，设计出受市场欢迎的"宠儿"，是成衣设计师设计实力的体现，由此才能使自己成为一个成熟、成功的设计师。

第二节　产品策划

一、产品定位

服装市场是个多元化的市场，服装市场的多元性，决定了服装企业生产的服装，不可能涵盖所有消费群体，通过市场调研，设计者对所开发的成衣产品有了初步的构思，接下来就需要有一个明确的市场定位。

成衣产品定位就是要确定成衣产品在市场中的位置，即确定成衣产品的目标消费群以及成衣产品的风格、类别、价格。设计者要为企业设计出与众不同的个性化服装产品，为企业在消费者中塑造鲜明的品牌风格，树立独特的市场形象。在确定目标市场以后，就要在目标市场上进行产品的市场定位。

成衣产品定位是设计师必须要掌握的，也是设计成本最基本的前提。在成衣产品定位上，主要包括以下几点。

（一）消费群定位

性别选择为男装、女装还是中性装；哪个年龄段，是中年装、青年装、学生装、童装、婴儿装等。

（二）服装风格定位

了解流行元素确定服装的类型和风格，如休闲装、正装、职业装、时装等。

（三）价格定位

价格定位取决于所选择的消费阶层、销售区域及竞争品牌的服装价格这三方面因素。

1. 消费分层定位

例如，高收入阶层的高价成衣定位，中高等收入阶层的中高价成衣定位，一般工薪阶层的中低定位等。

2. 销售区域定位

例如，销往经济发达地区的高价成衣定位，销往经济欠发达地区的中低定位。价格定位是服装品质的决定因素，价格定位的高低，影响了面料的品质、做工的好坏、款式设计的时尚性、后整理等因素，产品一旦定位，设计者便以此为依据，确定色彩、面料、款式、图案、工艺、饰品、吊牌、唛头、包装等，进行成品核算，保证企业有利可图。

二、分季开发

　　服装企业的产品开发，通常分为春夏季和秋冬季，在开发每季成衣前，一般较大型企业，设计总监都会先期考察市场，确定产品开发的风格主题、定位。有些企业会由设计总监对设计师进行分工，一起进行资料的搜集整理工作，预测流行趋势，确定本季产品开发的风格主题、定位，从而确定服装色彩、面料、装饰和配饰（细节很重要）、配搭、确定产品系列组合等，指导设计师进行产品的开发；较小型的公司，更多的是由设计师直接根据自己的经验和对市场的把握来设计新款，由设计主管来确定款式，指导生产。

　　有了明确的产品定位，企业的设计部门就会对每季的服装款式进行整体开发，以批发为主的中小型企业，较少考虑产品的组合，而大型品牌企业为了减少风险，常有一线品牌和二线品牌，或以主打产品为主附带生产辅助产品、关联产品进行整体开发，借以提高抵御市场风险的能力，提高利润。例如，一些大的品牌都会开发与主打产品风格一致的包、鞋、帽、皮带、袜、围巾、手套等关联产品，使消费者有更多的配搭选择，提高消费者的购买欲望，从而获得更大的利润。

案例：2014春夏休闲女装企划案——航海梦想（图3-1～图3-22）

图3-1　航海梦想

图3-2　市场定位

图3-3　风格介绍

图3-4　故事板

图3-5　颜色板（一）

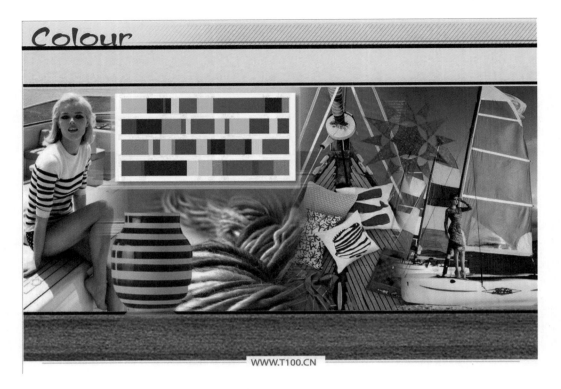

图3-6　颜色板（二）

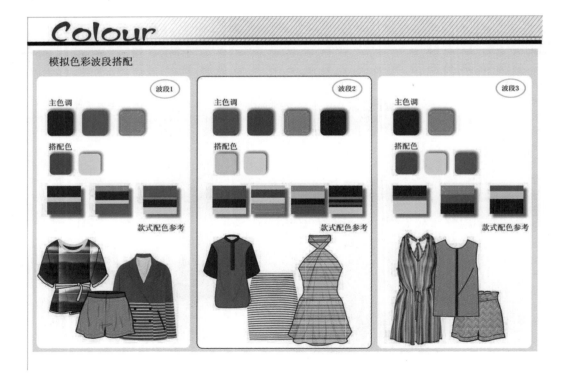

图3-7　模拟色彩波段搭配

图3-8　关键造型

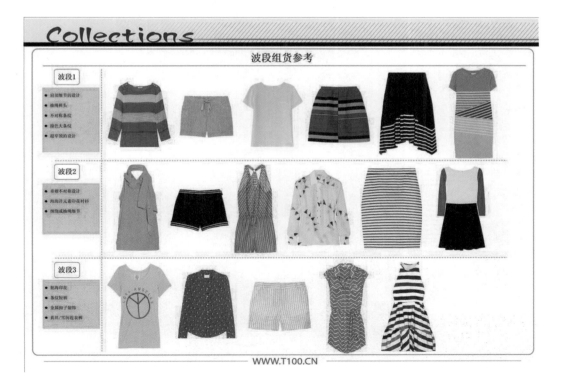

图3-9　波段组货

图3-10　模拟波段搭配

图3-11　陈列设计（一）

图3-12 陈列设计（二）

图3-13 面料应用

图3-14　海洋风印花面料

图3-15　运动风彩色条纹面料

图3-16　上衣

图3-17　连衣裙

图3-18　裤子

图3-19　超窄小圆领设计

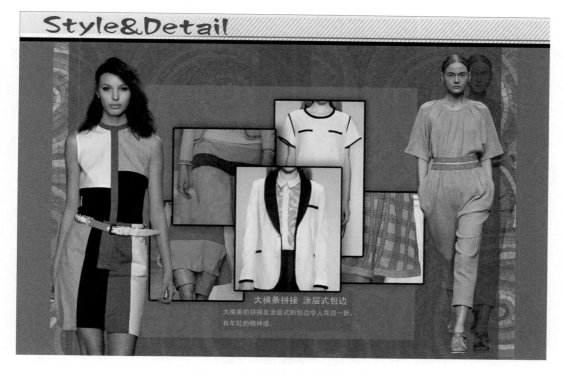

图3-20　大横条拼接及图层式包边

图3-21　海洋动物印花

图3-22　渐变晕染效果

第四章　绘制设计初稿

在确定本季服装产品的风格定位后，设计师便要分类进行款式设计，绘制初稿。初稿的绘制，通常有手绘、计算机辅助两种方法，常用计算机绘图软件有CorelDRAW、Photoshop、Painter、Windows画图附件等，作为设计师，这几种常用软件能够熟练使用其中的一种是基本功。

第一节　成衣设计的基本要求

初稿的绘制是一个构思的过程，在进行设计初稿的绘制时，要谨记以下两个方面。

一、把握产品风格，满足消费者心理需求

广泛发挥流行的趋势，抓住流行的重点，在把握产品风格的基础上，从色彩、造型、装饰上做一系列的设计，以迎合消费者追求时尚的着装心理，只有当你了解了目标对象，你设计的服装才会得到市场的认可。

（一）考虑功能与审美的有机结合

服装的功能性决定了审美依附于功能，而成衣更是如此，因此设计者要时刻谨记成衣设计功能在先，求美而不唯美，同时还要针对不同年龄段女性的审美需求来考虑功能与审美的比重。因此，除了对季节的考虑外，还要考虑设计对象的年龄、体型、穿着目的和需求等，在此基础上进行形式美的设计。例如，少女装尽可以在色彩、款式、工艺、面料、配饰等各方面大胆体现时尚、浪漫、个性的元素，满足此年龄段女孩追求新潮、另类的心理需求。而为白领知识女性设计服装时，就要考虑职业特点、办公环境等功能因素，在此基础上重视含蓄的时尚美感表现，考虑细节、面料、做工等，体现服装的内涵。例如，婚育女性肩部很容易发胖，一般这一年龄层的消费者在选取夏天款式时很少会挑选无袖款，所以在设计服装的时候我们尽可能地避免设计一些无袖的款式来迎合她们的口味，让市场接受你的设计（图4-1、图4-2）。

图4-1　时尚少女装

图4-2　短袖裙装

（二）细节设计——饰品、配件的应用搭配

　　服装设计除了要熟练把握色彩、款式、工艺、面料几个方面以外，细节设计尤其重要，成衣的时尚元素和内涵大多体现于此，因此细节设计的好坏，体现了设计师的老练程度。利用饰品、配件、口袋、拉链、纽扣、带襻、褶皱、织带等的辅助作用，体现款式的内涵和美感，造成特殊的效果，以提高商品的档次和价值感，是成衣设计师的重要手段，更能体现设计者的实力（图4-3~图4-5）。

图4-3　分割设计、纽扣装饰

图4-4　口袋、带襻、织带装饰

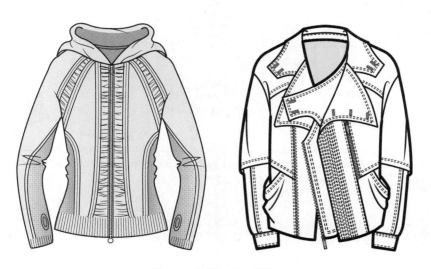

图4-5　分割设计、褶饰

（三）组合式成衣的创新设计

设计师在成衣设计中可以有意地设计整体风格，上装、下装配搭设计，内衣、外套配搭设计，表现个性化整体搭配穿着效果，抓住消费者喜爱新奇的心理，促进关联产品的销售（图4-6）。

① Jersey batwing wrap top ② Printed T-shirt ③ Panelled flare jeans with bound patch pockets
④ Asymmetric wrap dress with layered waist ⑤ Suede shoulder bag ⑥ Wooden soled sandels

（a）

01 Bermuda style cotton trousers 02 Printed puff ball dress 03 Cropped jacket 04 Leather ankle sandals 05 Bow detail hat 06 Pleated denim mini skirt 07 Summer canvas holdall with embroidery

（b）

（c）

图4-6　组合式成衣设计

（四）特种工艺❶ 技术的应用

　　成衣的时尚性往往需要特种工艺来体现，能熟练运用特种工艺技巧提高服装的内涵、时尚美感，是一个成熟设计师所应具备的基本设计手段。如绣花、扎染、蜡染、编结等，在成衣设计中应用得都很广泛，使成衣具有装饰的艺术效果，刺激消费者的购买欲；新工艺和新设备的应用，如各类服装洗水、钉珠、压花、绣花、蚀花、补花等；各地富有民族风味及地方特色的服饰都可以借鉴用于成衣设计，使之变为成衣设计的重要元素之一，如图案、面料、装饰等，从民族服饰中取得设计的灵感，往往能创造出成衣的风格效果，引导新的流行。这些特种工艺处理手法将在后面的章节一一介绍（图4-7～图4-10）。

图4-7　钉珠

图4-8　手绣+拼贴+烫钻+撞钉

图4-9　钉钻+手绣+锁密边

图4-10　机绣+钉珠+胶印

---

❶ 特种工艺本书泛指除一般缝制以外的所有加工技术。

（五）新面料、新材料的运用

成衣的时尚元素除了体现在色彩、款式、工艺等方面，有时主要体现在新面料、新材料的运用上。有时，可能只是款式相同而面料不同；款式相同，细节用料不同，通过更新材料来体现时尚元素，抓住消费者的求新求异心理，达到事半功倍的效果。因此，有能力的企业，设计师往往自主开发新面料，并且把对面料、材料的使用方面看作商业机密。

二、款式的"成衣性"

成衣款式的设计要有"成衣性"，在成衣款式设计上，既要被消费者认可，又要能符合生产上经济省料的原则；既要考虑款式的市场效应，又要考虑款式对机械流水作业的可操作性，要尽量避免设计的随意性。从某种意义上讲，成衣设计并不需要设计师过于超前的创造性，而是需要设计师对市场的把握、对消费者心理的掌握和对市场流行的综合预测，抓住最具市场价值的元素，为更多的消费者提供服务，从而获得最大化的利润。

成衣企业不是裁缝店，成衣生产需要流水作业的多道工序完成，款式与结构的不同直接关系着成衣的生产效率。有不少刚从院校毕业的大学生，在服装企业设计成衣时往往总是想法多而不实用，注重造型，想法随意，把握不了产品风格，考虑不全面，款式设计"成衣性"不足，出款多，但是制单的少，对初入行的设计者来说这是一个走向成熟的阶段，关键是如何缩短这个阶段，更快地走向成熟。

如图4-11、图4-12所示的上衣利用缉骨线、荷叶边的装饰手法，不仅丰富了款式的内涵，而且工艺制作适合批量流水作业，加之色彩的变换，也为消费者提供了更多的选择。

18-2525TPX 18-0832TPX 12-5201TPX

图4-11 中长款女装派克外套

17-4402TPX　　14-1324TPX　　19-1762TPX

图4-12　荷叶边装饰机织面料衬衫

三、款式的季节特性

服装是最具时效性的产品，但是，企业在设计开发产品时，都是提前几季或一季，这就要求设计师在设计时效上要有超前意识，要考虑各地气候变化和当地消费者的穿着特点。通常一些大型的运动类、休闲类服装企业的产品开发大多超前一个年度，而时尚类服装的企业产品开发，一般提前一个季节，因此，设计师要培养自己对时尚和市场的敏感度，减少自己的设计与当季流行时尚的误差。

四、抓住流行的审美共性

抓住目标消费群的审美共性是对设计师的要求，抓住消费群的审美共性也就抓住了服装的流行趋势，是成衣设计的出发点。服装美是服装设计的基本原则，也是现代人选择成衣的主要购买参考指数之一。作为成衣设计师，如果对时尚反应迟钝是不可饶恕的。因此，成衣设计师需要利用一切可用的因素，把握住服装的流行趋势，设计出具有时代感的成衣，体现消费者的品位，满足消费者的审美需求，养成消费者的惯性购买行为，是设计师成功的必备条件。

例如，近几年流行的时尚元素：中国元素、印度元素、俄罗斯元素、法国元素、波西米亚元素、韩国元素、日本元素等，在服装上的表现为：中国文字、图案、露肚装、军服、撞钉、徽章、蕾丝花边、钉珠、荷叶边装饰、高腰节裙装、卡通图案、挂件装饰等（图4-13～图4-24）。

图4-13　机绣龙纹　　　　　　图4-14　贴布绣机绣图案　　　　图4-15　扣襻装饰军服风格

图4-16　金属吊扣装饰　　　　　图4-17　胶印图案　　　　　　图4-18　植绒图案

图4-19　皮草饰边、胸部贴布　　图4-20　胶印图案、烫钻文字　　图4-21　上衣图案烫钻、徽章、
绣、毛织图案、腿部玻璃钻　　　　　　　　　　　　　　　　　　卡通饰件，裤子机绣图案、撞钉

图4-22 胶印图案、烫钻、织带　　图4-23 皮草饰边、扣饰、　　图4-24 欧式纹样印花面料
　　　　　　　　　　　　　　　　　　　　　图案　　　　　　　　　　　　吊带裙

五、考虑成衣的制作成本

在设计成本上，必须要考虑市场定位，在满足定位的基础上把成本降至最低标准。对服装企业而言，高昂的成本意味着管理水平的低下，利润的减少，这就要求设计师在设计成衣款式时要有服装成本概念，将成本因素贯穿于设计行为之中。具体而言，就是在选择面料、配饰、特种工艺等时，要考虑制作成本，这关系到目标消费者的经济承受能力，超出了成本要求，再好的设计，生产出的成衣卖不出去，对企业来说就是损失。因此，考虑成本对于设计师来说非常重要，它关系到企业的经济利益。

如图4-25～图4-27所示，款式结构简洁，细节设计主要集中在肩部、图案、帽子上，既增加了款式的内涵，又便于流水制作，节约成本。

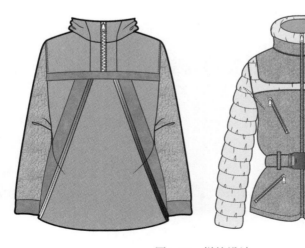

图4-25 拼接设计

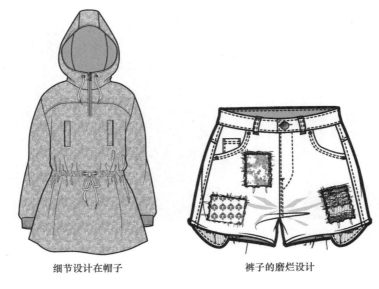

细节设计在帽子　　　　　　　裤子的磨烂设计

图4-26　细节设计

图4-27　毛织款式设计

第二节　成衣设计稿的主要形式

　　成衣的设计形式是多样的，有自主设计绘制的彩色效果图、平面款式图，有借鉴的模仿设计、修改设计、拼凑设计等，每个企业或设计师都有自己的惯用表现形式。但其根本是，无论以何种形式进行，都要体现效率与实用。时间就是金钱，在时尚企业尤其如此。当然，只要设计师制作出的服装成品能得到市场的"宠爱"，就应该得到肯定，因为企业的主要目的就是创造利润。

　　鉴于企业各部门交流的方便，提高工作效率，不管是何种类型的企业，最终大多以平面款式图（平面生产图）或概括性效果图的形式绘制样板单，也利于再版、修板、存档管理等，因此我们将着重介绍这两者的表现形式。

一、平面款式图

（一）平面款式图的表现形式

通常设计师一般会以对称的正面、背面、侧面来表现款式，有的设计师也会以一个或几个常用的概括性动态表现款式，它们都不需要画出人体，只表现出款式就可以，只要表达清楚，内部结构清晰，利于相关各部门的交流即可，设计者都会想象出成衣的完成效果，节省设计的时间，提高设计效率。

（二）平面款式图绘制的具体要求

当前大多数服装设计师进行款式设计，无论是手绘还是借助计算机等辅助工具，大多以平面款式图的形式进行，这种形式简单明了、快捷，利于提高效率。

平面款式图的绘制是为了设计师之间的交流、批评和定稿以及定稿后纸样师傅或下数师傅出纸样或织法的依据，以此给出款式各部位的尺寸、比例、廓型，因此必须按人体的比例以严谨的态度按要求绘制，并在制单图中给出必要的文字说明，如尺寸、工艺、饰品型号、局部细节、特种工艺等。

平面款式图的绘制大多在常用的空白纸上进行，在画出正面款式结构后，要根据需要同时画出款式背视图或侧视图，在绘制时注意前后片的呼应。除了按比例画出内部的基本结构外，如有另外的配饰、图案、工艺要求、是否洗水、配料都要以适当的形式，如绘制、文字或实物表现出来。如果是图案，就要画出清晰的结构，标清楚图案的表现方法，如胶印、水印、钉珠、手绘、车缝、烫钻、综合等。

（三）平面款式图绘制的过程

平面款式图绘制过程根据公司的不同而存在差异，大的品牌公司（如一些休闲类服装品牌公司）通常会提前几个季节开发生产出本季的产品，面料、辅料都会提前向专业的面辅料公司定制，为产品的设计开发做好准备；而一些时尚类公司（中小企业、设计工作室）大多提前两季或一季来开发本季产品，有时，面料、辅料也会因本季的时尚的变化而需要当季采购，需要设计师或设计助理到面料市场寻找面料并由设计主管或设计总监确定后，再进行产品的设计开发。

绘制的基本过程一般有两种形式：

1. 时尚类中小型公司

（1）设计总监或设计主管确定面料。

（2）设计师了解面料特点，领取面料小样。

（3）设计师根据面料特点确定设计类别（上衣、下装或其他）。

（4）设计师搜集流行资讯进行提炼，根据消费群的特点进行构思。

（5）确定产品廓型绘制初稿，确定内部结构。

（6）细部设计（领、袋、带、袖、摆、图案、装饰配件、工艺），转市场找辅料、配件，完成设计初稿。

（7）交给设计主管或总监批审、修改、再审、再修改。

（8）设计主管或总监定款，交设计助理为款式编号备案。

（9）绘制样板制作通知单。

2. **大型品牌公司**

（1）设计总监确定设计的大方向，按类别（机织、针织或上衣、下装、配件）分配设计任务给设计主管。

（2）设计主管为设计师确定面料设计类别（上衣、下装或其他）。

（3）设计师了解面料特点，领取面料小样。

（4）设计师搜集流行资讯，根据消费群的特点进行构思。

（5）确定产品廓型绘制初稿，确定内部结构。

（6）细部设计（领、袋、带、袖、下摆、图案、装饰配件、工艺），转市场找辅料、配件，完成设计初稿。

（7）交给设计主管或总监批审、修改、再审、再修改。

（8）设计主管或总监定款，交设计助理为款式编号备案。

（9）绘制样板制作通知单。

如图4-28～图4-34所示为T恤、大衣和裤子的平面款式图。

计算机辅助工具平面款式图的绘制如图4-28～图4-31所示。

手绘平面款式图如图4-32、图4-33所示。

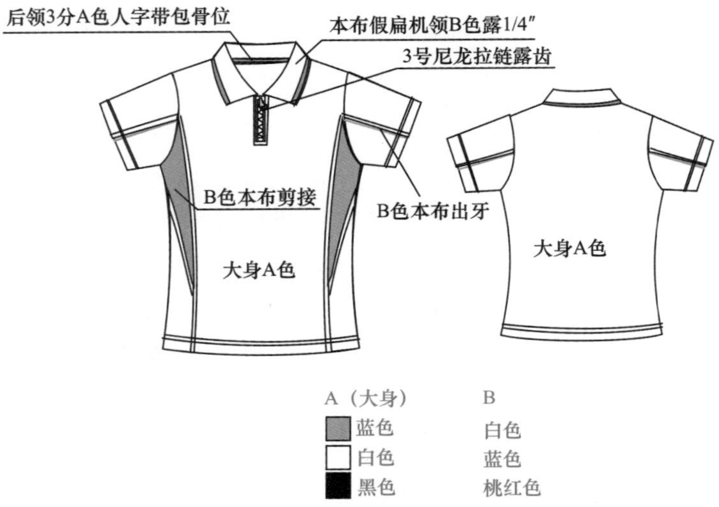

图4-28 T恤（一）

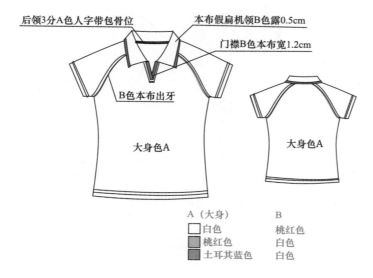

图4-29 T恤（二）

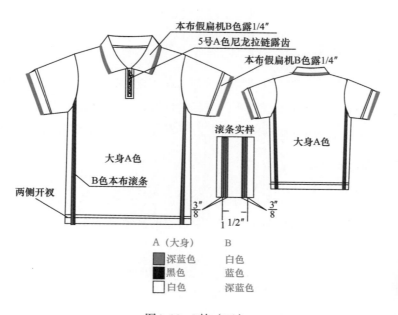

图4-30 T恤（三）

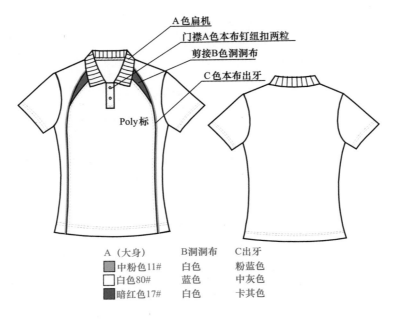

A（大身）　　B洞洞布　　C出牙
中粉色11#　　白色　　粉蓝色
白色80#　　蓝色　　中灰色
暗红色17#　　白色　　卡其色

图4-31　T恤（四）

二、着装效果图

效果图同平面款式图一样，也是常见的一种设计表现形式，绘画技巧较好的设计师常采用此种形式，其优点在于能更直观地体现服装的着装效果。

（一）效果图的表现形式

不同于参赛类效果图，往往以简明的形态出现，设计者一般会以一个或几个常用的概括性人体动态表现款式，只要表达清楚，内部结构清晰，利于纸样师傅打板、车板师傅缝制即可，设计者都会想象出成衣的完成效果，节省设计的时间，提高设计效率。

（二）效果图绘制的具体要求

在绘制出正面款式效果后，要同时画出款式后片的效果，通常后片以平面款式图的形式画出，其他的工艺和细节表现与平面款式图绘制的具体要求相同。

（三）效果图绘制的过程

效果图的绘制过程和平面款式图的绘制过程基本一致，区别在于表现形式不同，效果图初稿的绘制，要画出与产品风格适合的概括性人体动态，然后在人体上确定产品廓型，绘制初稿确定内部结构。

如图4-34、图4-35所示为绘制在样板单上的着装效果图。

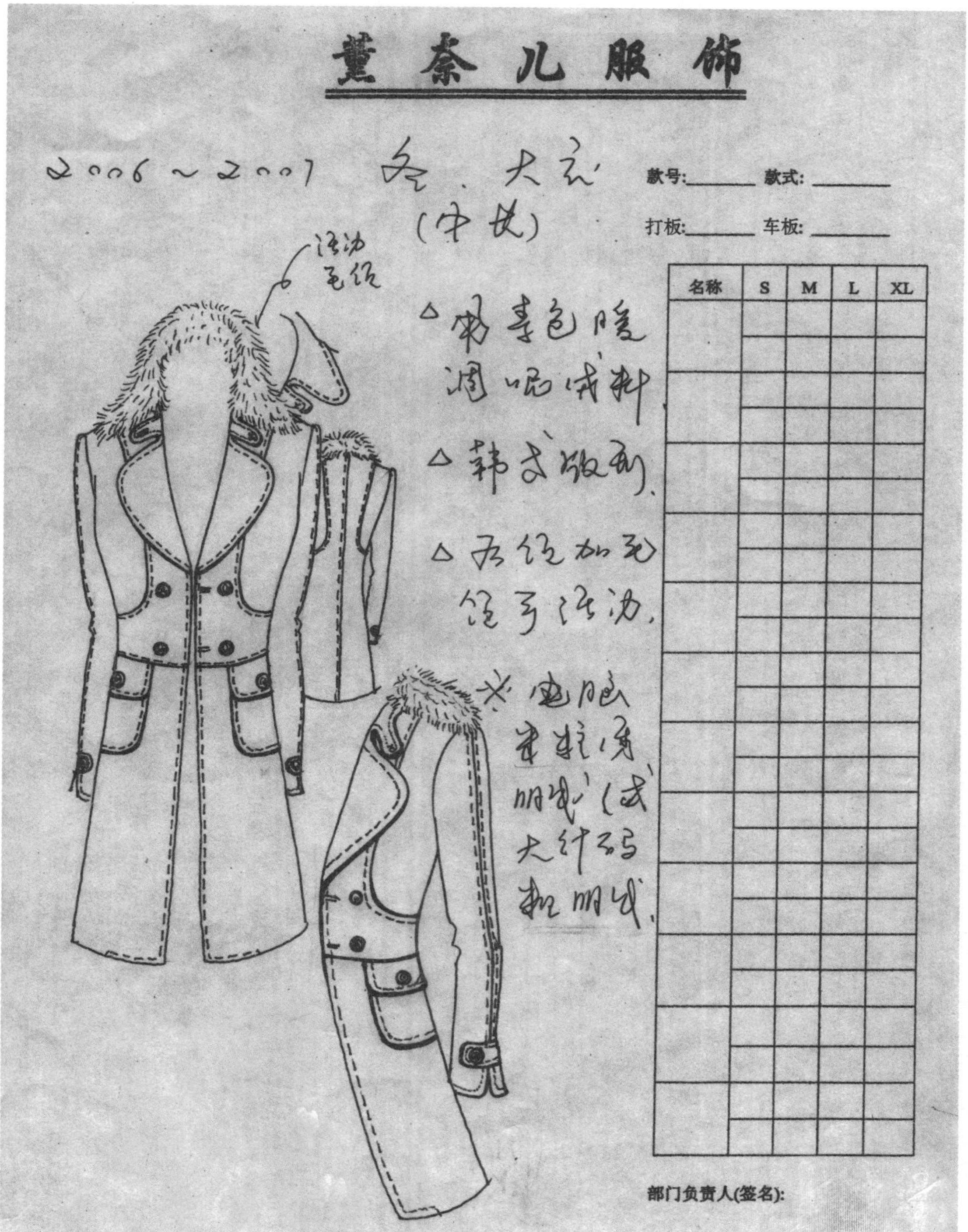

图4-32 时装公司手绘平面款式图设计稿——大衣

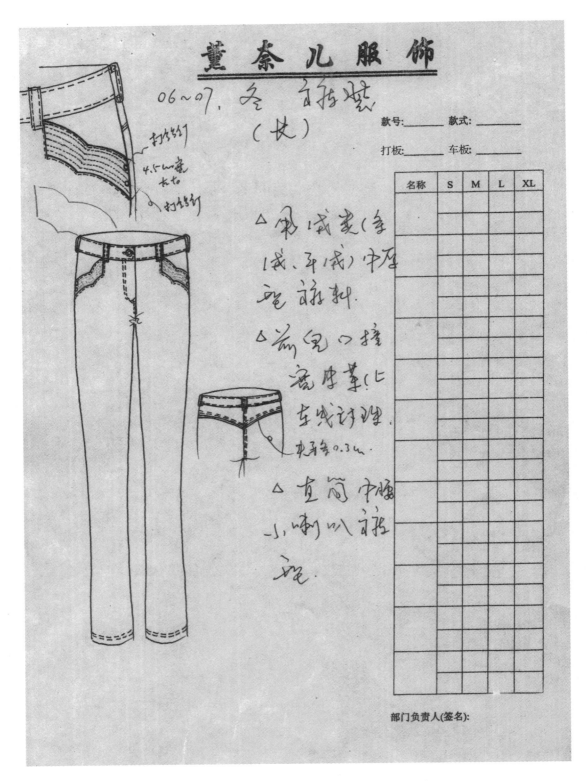

图4-33　时装公司手绘平面款式图设计稿——长裤

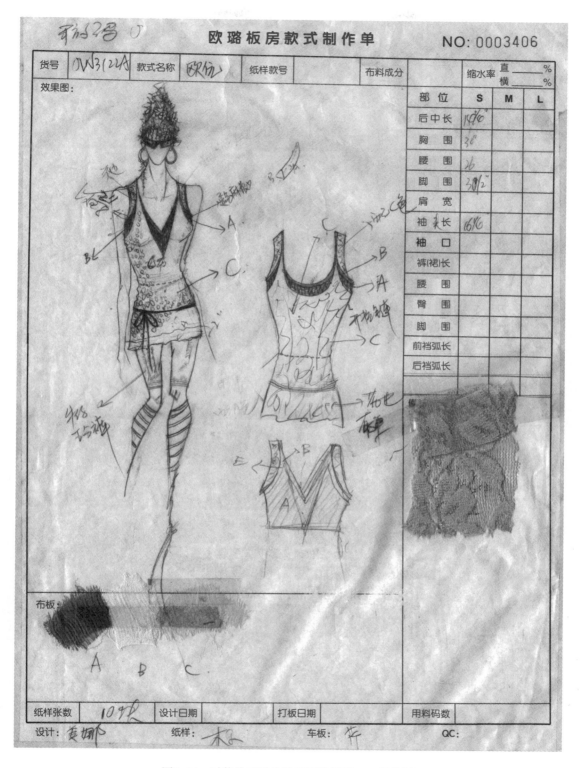

图4-34　时装公司手绘效果图设计稿——吊带衫

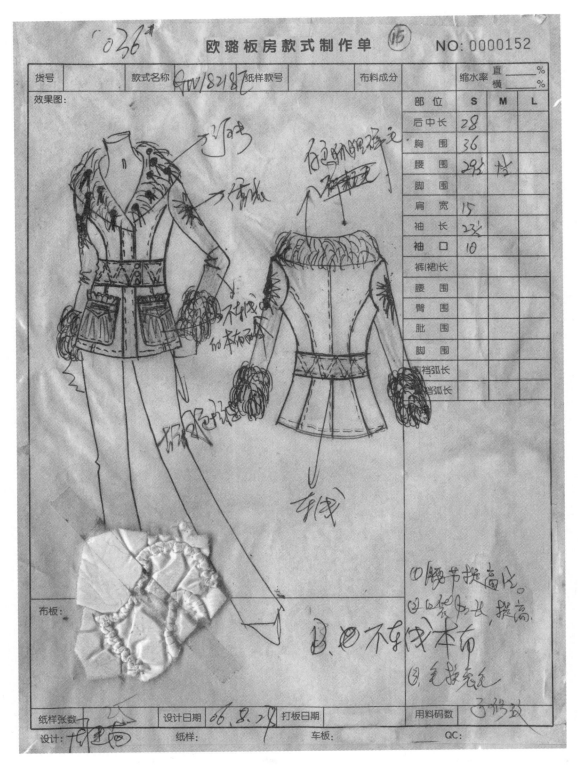

图4-35　时装公司手绘效果图设计稿——外套

第五章 定款、制单

定款是一个"检讨"的过程，设计师绘出设计初稿，交由总监审稿，设计师向总监陈述设计意图，与总监一起对设计稿进行批评交流，探讨款式设计的合理性：风格是否对路，面料的运用是否达到设计效果，成本是否合理，流水制作的可行性，预期市场的反应，等等，设计师根据总监的批复进行修改，达到设计要求，由总监定款，交由设计助理编号备案，然后交给设计师绘制样板通知单。

第一节 设计定款

在把初稿交给设计主管或设计总监审批之前，设计者必须理清自己的设计思路，以便在交给设计主管或总监批阅时，清晰地陈述每一款的设计意图。使审批人理解并欣赏你的创意，使自己的设计更多地被采用。

设计总监或设计主管在定款时主要从以下几方面来考虑，设计者在陈述款式设计意图时，应注意要言简意赅。

一、初稿的风格是否切合设计主题

初稿是否符合品牌的风格定位是首要的前提，是否与本季开发的主题相符是基本的确定条件。因此，设计者提交设计初稿时就要把握好款式的风格，避免跑题。否则，再好的设计也会被否决。在描述款式特点时，尽量结合已有款式为本款成衣定位，说出其合"群"性，不能让设计总监觉得初稿"另类"，才能过第一关。图5-1所示的样衣是图5-2样板单的完成效果，该款女装为冬装畅销款式，它很好地体现了欧璐品牌的风格：时尚、前卫、妩媚、热爱生活的定位。

图5-1 成衣样板单样衣

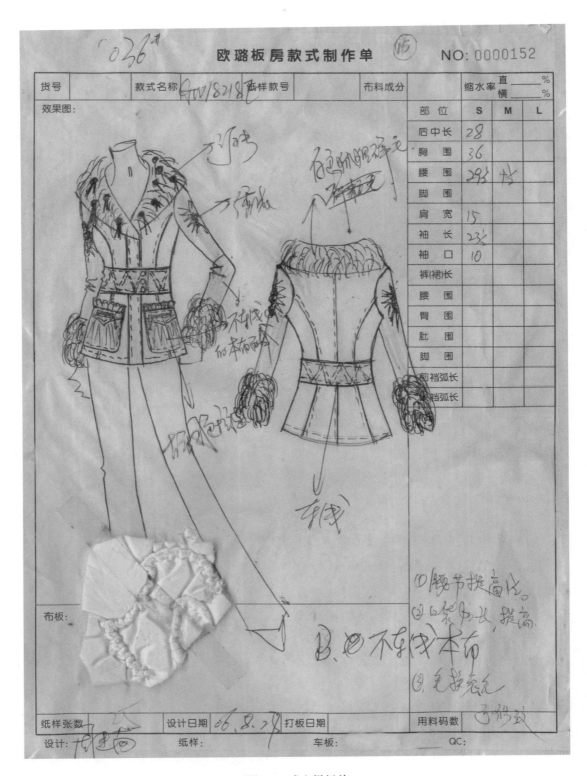

图5-2　成衣样板单

二、初稿的季节性、时尚性要对"味"

初稿的季节性较好把握，这是成衣的功能要求，一般都没问题，而时尚的体现有一定难度，且至关重要，因为它关系到成衣的审美，是消费者掏钱的参考依据，需要设计者以某种创意形式把时尚糅合在初稿里，用娴熟的技法体现出来，让观者欣赏到它的美感和品位。简明地陈述，让设计总监或主管觉得自己的设计有创意，时尚有"味"道，是定稿的关键。

三、初稿的成衣性

款式的成衣性是设计的一个原则，具体到每家公司又有所不同，因为每家公司的定位不同，并不是任何成衣款式都能生产，因此，设计者要对本公司的生产要求和加工能力有全面地了解，对待定初稿的成衣性有确切的把握，对设计总监提出的加工疑问有合理的应对解决方法，让设计总监觉得待定初稿能够顺利地制作完成。所以，设计者要考虑采用的面辅料和款式的匹配、特殊加工工艺运用的可行性等，这些会影响成衣制作的完成效果。

四、预期的制作成本和利润

对于企业来说，获得利润是第一要务，因此，再好的设计也要有利可图，必须要和品牌的价格定位相符，否则款式便会被否定，所以设计者在绘制初稿时便要估计制作成本，不要超出品牌定价的限度，装饰及特种工艺的运用要适度。

定稿既然是一个"检讨"的过程，那么改稿也是大多数初稿的必然需要，有的可能改一次，有的可能改几次，要修改的方面牵涉到面料、色彩、细节、廓型、长短、内部结构、工艺、配件等，从图5-3、图5-4（如图5-3所示的样衣是图5-4设计稿的完成效果）我们可以看出，成衣与设计稿的不同，胸部装饰在设计稿的基础上进行了修改，形式美更突出，因此，设计师要有这个心理准备，特别是新手，初稿被选中的不多，选上的还要修改，只有经历这个过程才会慢慢走向成熟，才有可能设计出好的款式。初稿修改好后，设计便初步完成，接着进入绘制样板通知单的程序。

图5-3　成衣样板单样衣

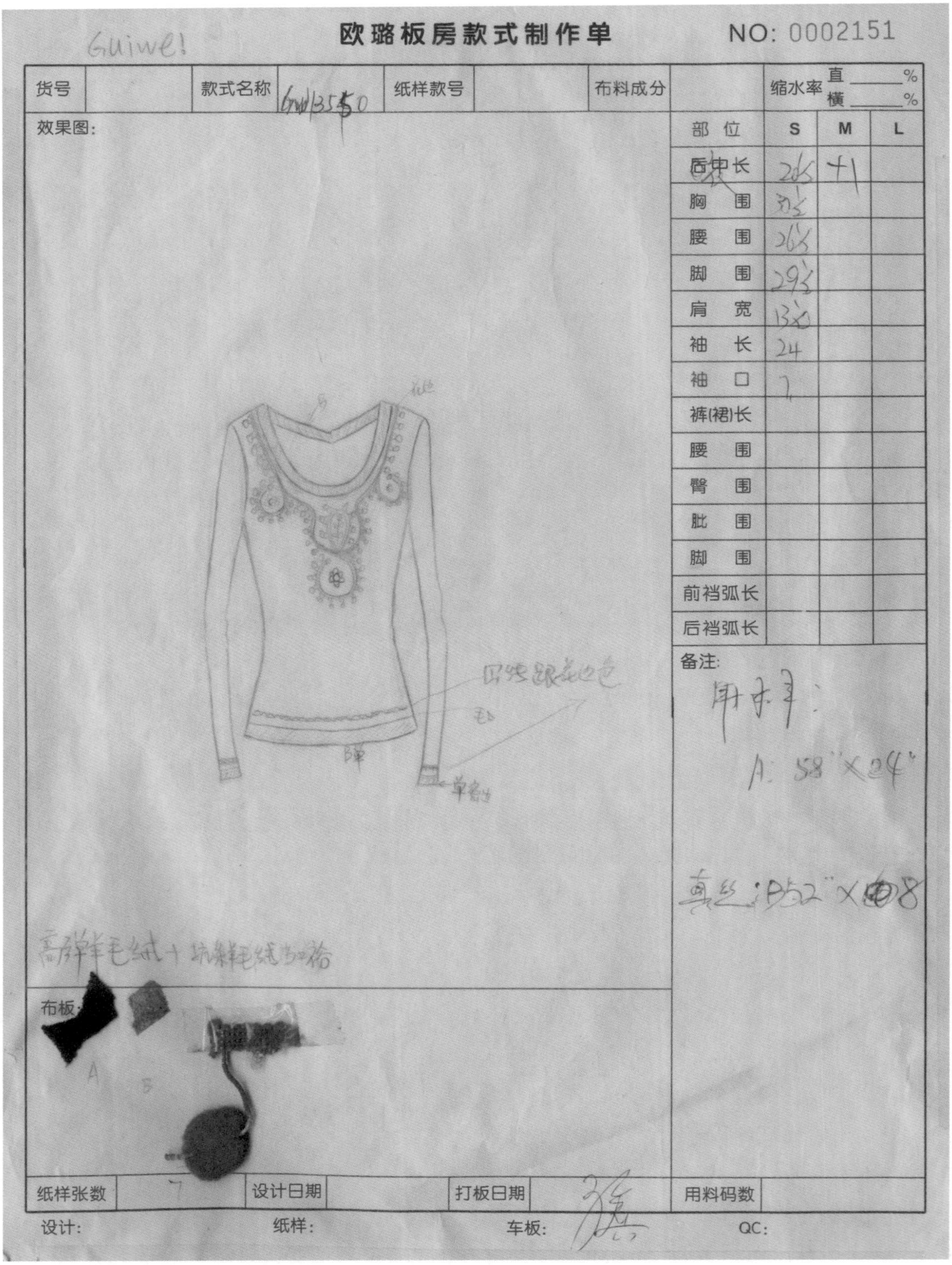

欧璐板房款式制作单　　NO: 0002151

货号		款式名称		纸样款号		布料成分		缩水率 直____% 横____%

效果图:

部位	S	M	L
后中长			
胸围			
腰围			
脚围			
肩宽			
袖长	24		
袖口			
裤(裙)长			
腰围			
臀围			
肚围			
脚围			
前裆弧长			
后裆弧长			

备注:

布板:

纸样张数	7	设计日期		打板日期		用料码数	

设计:　　纸样:　　车板:　　QC:

图5-4　成衣样板单

第二节 样板通知单的绘制

初稿确定后，设计师便开始绘制样板通知单（对于样板通知单的叫法，各公司有所不同，有的公司也叫样板制造单或款式制作单），它作为设计定稿是指导打板与工艺制作的图片依据，是设计师与纸样师傅交流的媒介，它的格式因各公司的不同而不同，但是内容大同小异，它的绘制方法也因公司的不同而有所区别。

一、样板通知单的内容

通常，样板通知单的都会有如下内容：企业名称、设计主题、款式名称与款号、布样与辅料、款式或图样、尺寸、配色、备注、落款等。

（一）企业名称

服装企业的名称、品牌标志一般在样板单的顶端。

（二）设计主题

大型公司的服装季会按主题开发，一般的中小公司只具体到服装季，可能没有此项内容。

（三）款式名称与款号

款式名称和款式代号是必填的项目，利于保存和生产管理。

（四）布样与辅料

布样与辅料包含了布料、辅料小样或名称、代号，饰品或附件小样、型号。

（五）款式或图样

款式或图样栏通常要画出正、背款式图，绘制要清晰、比例恰当、表达准确，根据款式的实际需要，有时会画出侧视图。

（六）尺寸

尺寸的标注各公司的操作方式不同，有的需要设计师标尺寸，有的是由打板师来定尺寸。设计师不标尺寸，打板师会根据款式图的比例和设计师的具体要求以中号尺寸打板，成熟的设计师也可根据自己对款式的理解来设定尺寸。

（七）配色

本项内容因款式的需要而定，有些款式可能有几种颜色，有些款式可能是几种颜色搭配在一起，设计者要根据实际情况填写。

（八）备注

常在此栏里对款式的具体要求作特别说明，利于打板师打板或跟单的协作等。

（九）落款

标注设计时间、设计师名称，打板师、跟单、审批等的姓名备查，是款式存档的基本要求，一般的公司都会对再次返单（销量大、多次下单生产）的款式设计者给予提成奖励，这也是对设计者的尊重。

二、样板通知单的绘制

为了保证制作出的服装能充分体现设计者的意图，制单的过程要仔细，款式图绘制要清楚，细节或细小之处要特别标注或放大，要清晰、明确，应充分考虑纸样师傅打板的需要及制作过程的工艺要求，特种工艺要明确说明，为跟单员的正确理解跟进处理以指导，尽量减少误解，清晰、明确的样板单有利于提高部门之间的协作效率，这也体现了设计者本人的工作能力。

样板通知单绘制完毕，必须递交设计总监审阅签字，才可以交由打板师傅出纸样。

在绘制样板通知单时，每个公司因自己的操作惯例形成的规范有所不同，内容会有所删减或增加，但总的来说，主要有大批量生产的休闲类公司和小批量生产的时尚类公司的两大类型样板单。

（一）休闲类成衣样板单的绘制

大型休闲类服装企业大多采用电脑绘制成衣样板单，此类企业的产品开发一般提前一年，采用的工艺相对时尚类公司简单，利于大批量生产，有相对充裕的时间采用电脑绘制、存储文件，便于企业的发单生产与管理（图5-5）。

（二）时尚类成衣样板单的绘制

时尚类的中小成衣企业，产品开发一般提前一个季节，有时还要在当季应对时尚的变化来补充新款，要求设计师快速出款，每家公司市场的定位和风格不同，采用的特种工艺不同，款式的生产更复杂多变，因此在绘制成衣样板单时，常根据企业的习惯，采用效果直接且快速的手绘方式，这更需要各部门的协作，此类样板单常无固定格式，每家公司都有所不同，设计者要尽快适应（图5-6～图5-12）。

样板制造单——设计稿篇

办单号： DAH-421

款 式： 双面穿小夹克

主 题： 2007春夏 1主题MO/M1

配 色： 漂白 黑色 爱力司绿

故事区： 都市摇滚

面 料： 07春夏机织-117#+针织170#网眼

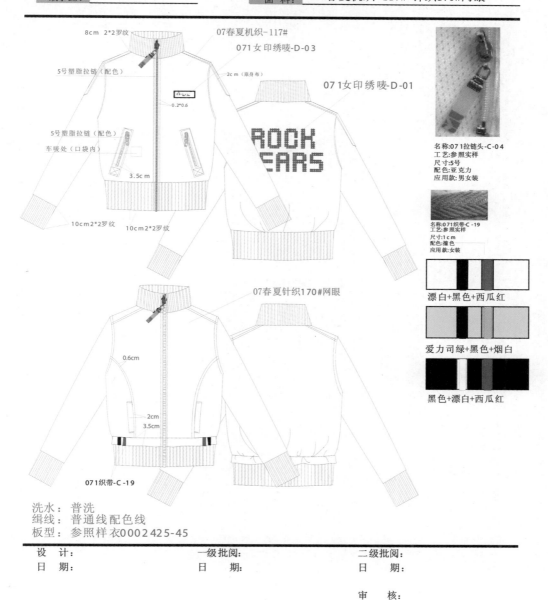

8cm 2*2罗纹

07春夏机织-117#

071女印绣唛-D-03

5号塑脂拉链（配色）

2cm（原身布）

071女印绣唛-D-01

0.2*0.6

5号塑脂拉链（配色）

车唛处（口袋内）

3.5cm

ROCK EARS

10cm2*2罗纹

10cm2*2罗纹

07春夏针织170#网眼

0.6cm

2cm

3.5cm

071织带-C-19

名称:071拉链头-C-04
工艺:参照实样
尺寸:5号
配色:亚克力
应用款:男女装

名称:071织带-C-19
工艺:参照实样
尺寸:1cm
配色:撞色
应用款:女装

漂白+黑色+西瓜红

爱力司绿+黑色+烟白

黑色+漂白+西瓜红

洗水： 普洗
缉线： 普通线配色线
板型： 参照样衣0002425-45

设 计：　　　　一级批阅：　　　　二级批阅：
日 期：　　　　日 期：　　　　日 期：

审 核：

图5-5 休闲类成衣样板单

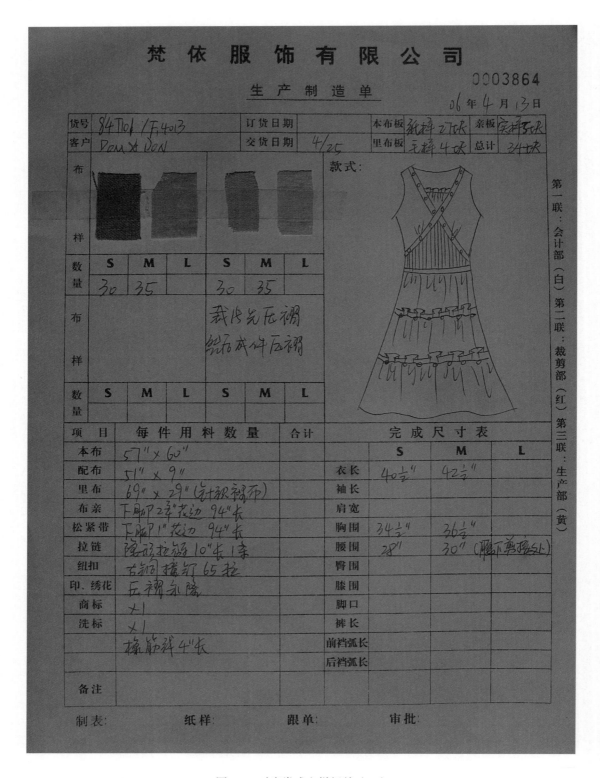

图5-6　时尚类成衣样板单（一）

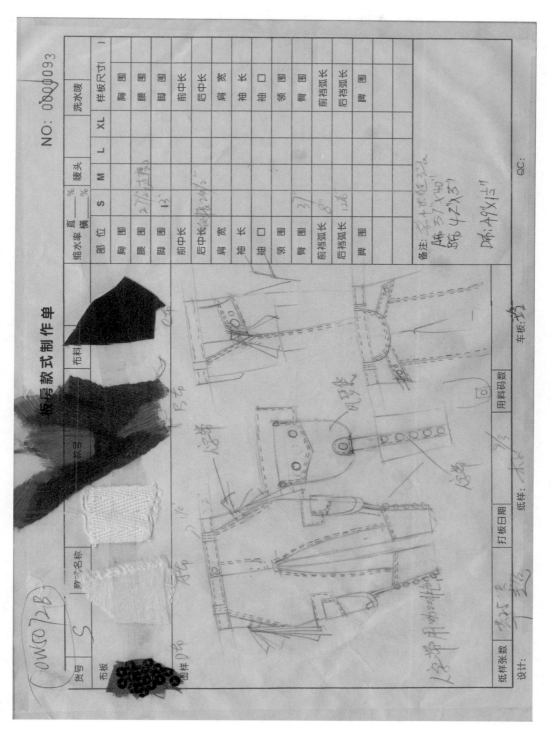

图5-7 时尚类成衣样板单（二）

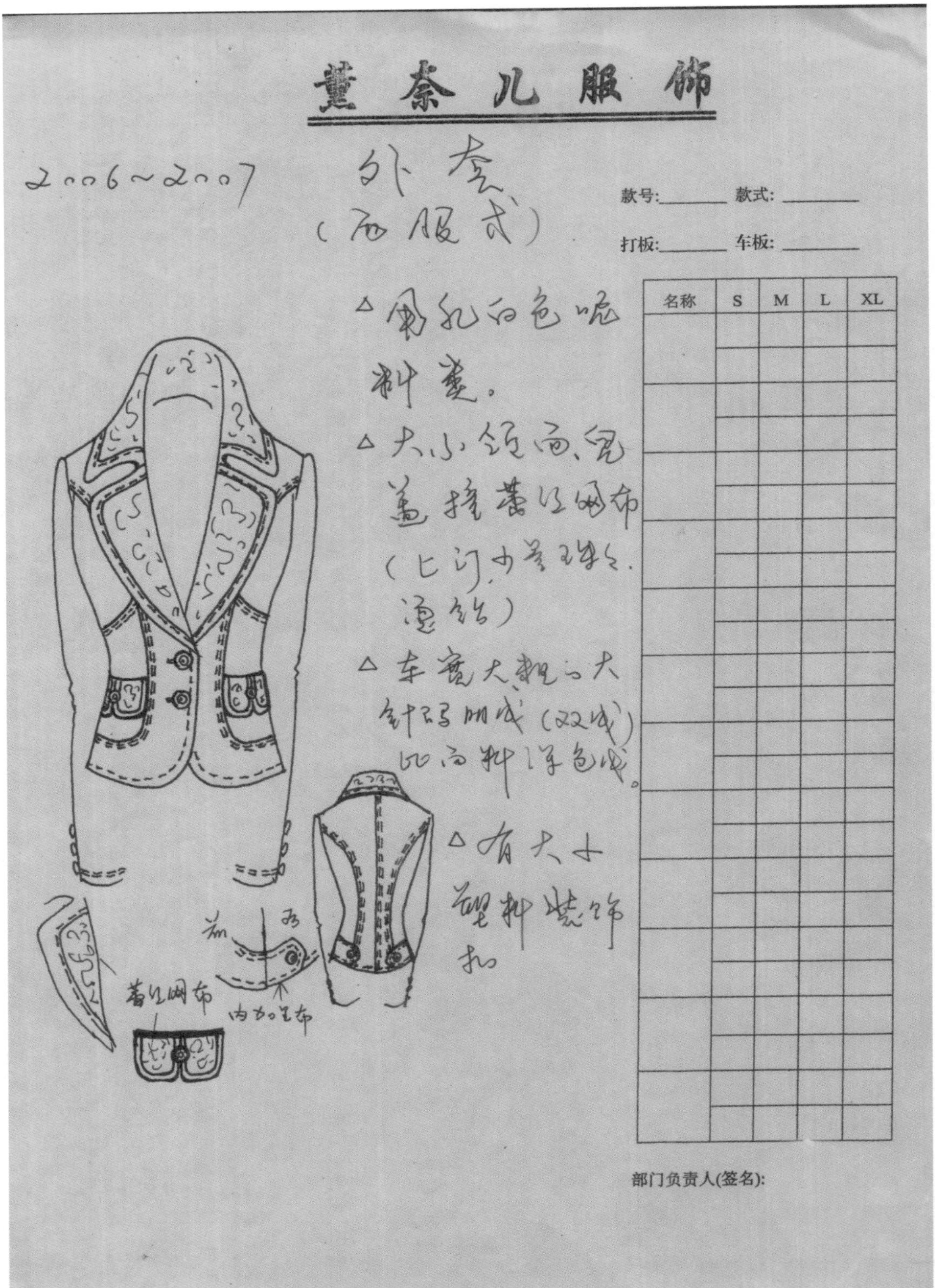

图5-8 时尚类成衣样板单（三）

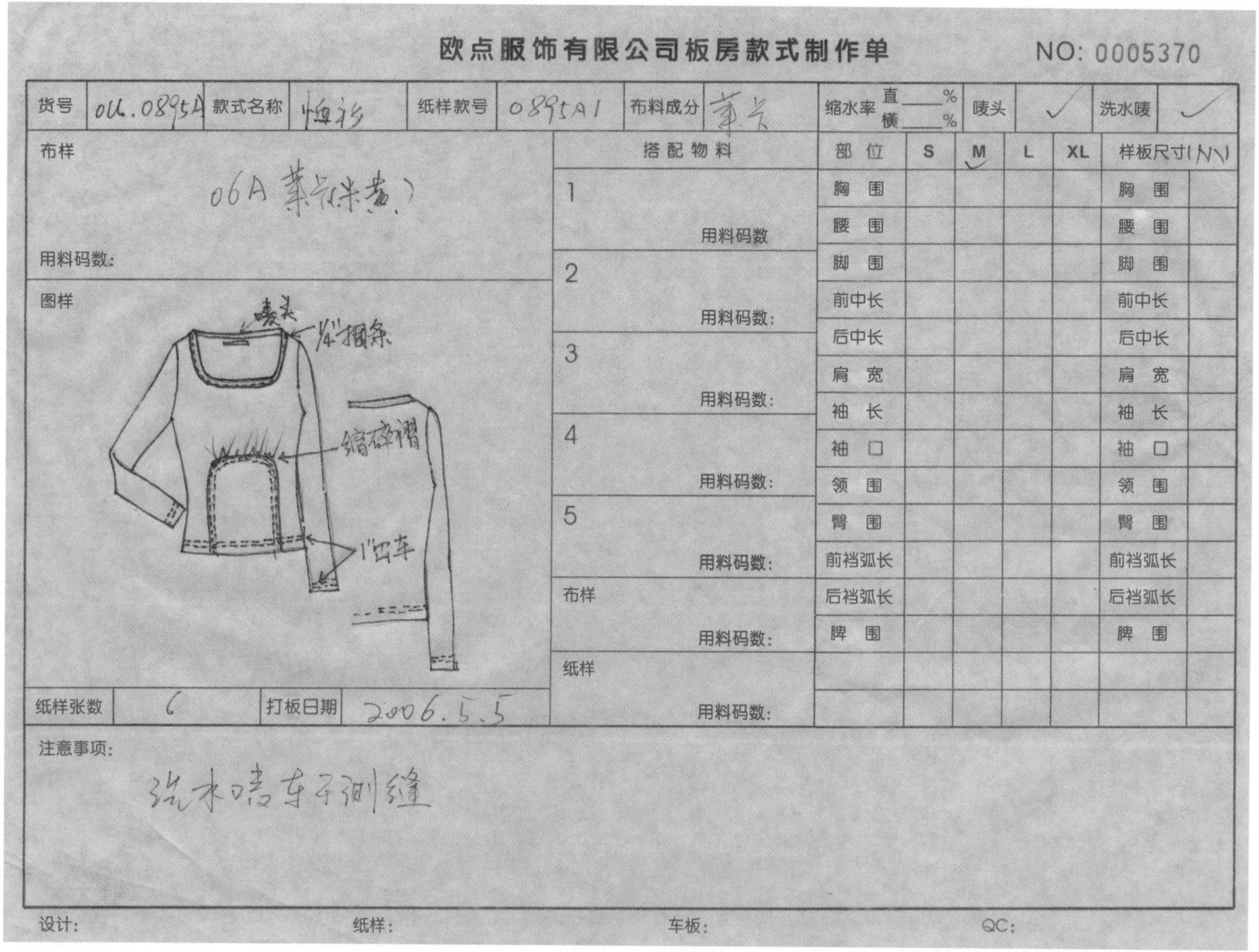

欧点服饰有限公司板房款式制作单　NO: 0005370

货号	06.0895A	款式名称	恤衫	纸样款号	0895A1	布料成分	莱卡	缩水率 直___% 横___%	唛头	✓	洗水唛	✓

布样：06A 莱卡(米黄)

用料码数：

图样

纸样张数：6　打板日期：2006.5.5

搭配物料	
1	用料码数
2	用料码数：
3	用料码数：
4	用料码数：
5	用料码数：
布样	用料码数：
纸样	用料码数：

部位	S	M ✓	L	XL	样板尺寸(M)	
胸围					胸围	
腰围					腰围	
脚围					脚围	
前中长					前中长	
后中长					后中长	
肩宽					肩宽	
袖长					袖长	
袖口					袖口	
领围					领围	
臂围					臂围	
前裆弧长					前裆弧长	
后裆弧长					后裆弧长	
髀围					髀围	

注意事项：洗水唛车子侧缝

设计：　纸样：　车板：　QC：

图5-9　时尚类成衣样板单（四）

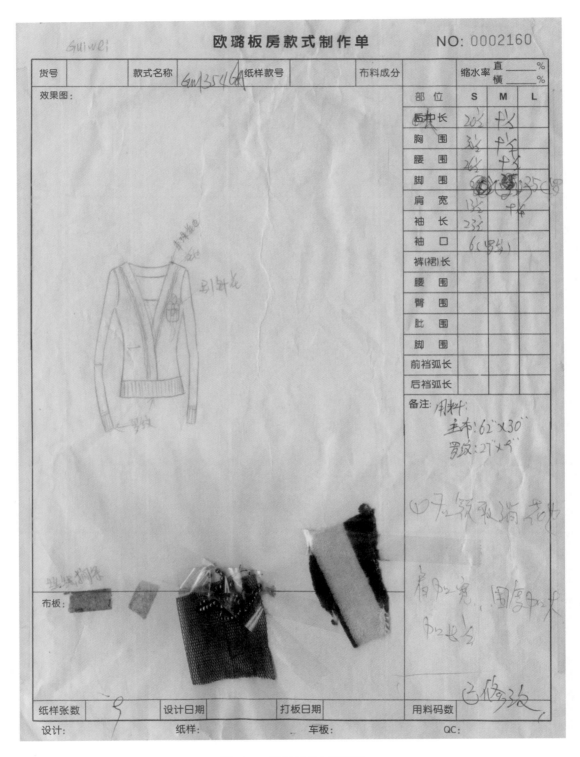

图5-10 针织衫成衣样板单

图5-11 针织衫样衣

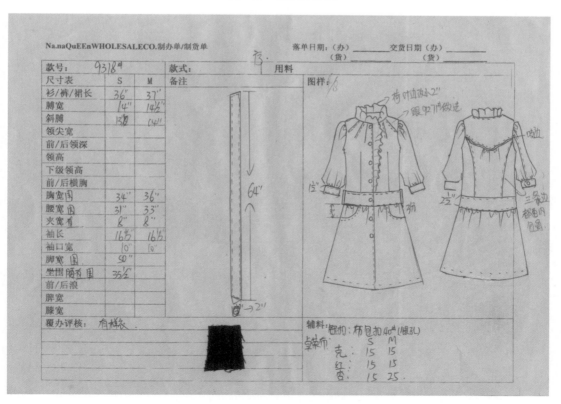

图5-12 时尚类成衣样板单（五）

　　前面我们讲过，设计师应具备基本的结构设计能力和工艺制作能力，能绘制纸样，能制作完成成衣，懂得较多的工艺及其特点，了解特种工艺及衣服的后整理，了解款式与纸样、纸样与工艺之间的关系，这不仅有助于提高设计师的设计能力和丰富自己的设计元素，更有助于设计师绘制出专业的、合理的、详细的样板单，能帮助自己与打板、车板、跟单人员的沟通，指导纸样师傅制出恰当的纸样，最终使制作出的样衣能充分体现自己的设计意图，设计出更多更好的款式，体现自己的设计水平。

第六章 样衣制作、批量下单

样板通知单绘制完毕，设计总监审阅签字后，进入样衣制作的过程，样衣制作虽然不需要设计师来直接完成，但也需要设计师紧密配合，利于打板师准确快速地制板和跟单员跟进，使样衣快速制作完成，并充分体现设计者的意图，减少样衣的缺陷，减轻样衣修改的难度。样衣制作完毕后，通常会封板保存，根据各公司销售策略的不同，参与订货会的展示或直接批量下单制作。

第一节 样板通知单与样衣制作

通常设计师应亲自把样板通知单交与打板师，并与打板师就款式的特点、细节及制作需要进行沟通，方便打板师正确地理解自己的设计意图，且能够快速、准确地绘制出纸样样板；当然，配合熟练的板房，设计师与打板师的配合已经较为默契，打板师接到样板通知单后，能充分理解设计师的意图，会马上按通知单上的款式图出纸样（毛衣类则由下数师傅编写下数单出织法），不明白的地方会与设计师沟通。对一些特种工艺，如图案、钉珠、绣花、洗水等会及时安排设计助理或跟单去相关厂家加工。

成衣的细节，往往体现成衣的内涵和价值所在，细节处理的好坏直接影响到成衣销售，因此在打板师打板时，设计师应主动与打板师沟通确定细节的处理方式，有助于后期样衣的制作。成衣的细节包括印花图案、钉珠、烫钻、绣花、花边、钉扣、打汽眼、铆钉、其他装饰配件等。

一、印花图案

通常在打板师打出毛样时，返还到设计部，由设计师在裁片上确定图案的位置、大小，并画出具体的图案纹样，标明纹样各部位的色彩或给出参照图片、印花工艺，由跟单员跟进制作完成。在做大货时即批量生产时，若印在不同的面料上，还应表明图案与不同面料之间的配色关系，丰富成衣的系列内涵，如图6-1所示。

二、烫钻、钉珠工艺

通常制作样衣后由设计师完成或者由设计师绘出详细图案，标明用料，跟单员跟进，由专业厂家完成，如图案较简单或有参照样板，可以由车板师完成，如图6-2所示。

图6-1 印花T恤

爱力司绿色

漂白色

名称：071女印绣麦-D-01
工艺：烫银
尺寸：W: 235mm H: 132.666mm
配色：银色
应用款：女上衣

Meters bonwe

071女印绣暖-D-03
工艺：银线机绣
尺寸：w: 40mm h: 13mm
配色：银色
应用款：自定

图6-2 烫钻夹克

三、绣花工艺

绣花设计制作流程同印花，如图6-3所示。

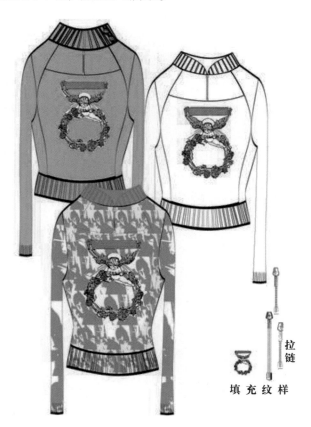

拉链

填充纹样

图6-3

图6-3　绣花针织衫

四、其他装饰配件

其他装饰要根据具体的配件选择在车板前后或车板过程中完成。例如，出芽、镶边、抽绳等需要在车板过程中进行；钉扣、打汽眼、烫钻等在车缝完样衣后进行。

样衣的制作通常都是由熟练的成衣工人制作，为了能更好地完成样衣，设计师最好能下到成衣车间跟踪样衣的制作，了解样衣的制作效果，及时与制作者沟通，提出要求、建议，力争使样衣达到理想的效果。

第二节　试衣改板、批量下单

通常首件样衣制作完成后，或多或少都会存在一定缺陷，都会经历试衣改板的过程，才能最终确定下来，然后根据销售部门的要求批量下单，进入生产车间量产，走完从设计到生产的过程。

一、试衣改板

样衣制作完成后，由跟单员或板房主管拿到设计主管或设计总监处，由试衣员或人台试穿，由设计总监和设计师一起观看样衣的效果是否达到设计的要求。通常会从以下几个方面来评价样衣的完成效果。

（1）看整体感觉是否与本季产品风格相符。

（2）看功能设计是否到位，舒适度如何。

（3）看整体的大效果是否协调美观、新颖。

（4）看局部与整体的比例是否恰当。

（5）看色彩搭配是否协调。

（6）看面料搭配是否体现款式的风格。

（7）看工艺制作是否到位。

（8）看板型、廓型、松紧度、长度是否符合设计要求，是否顺畅。

（9）看细节、配饰、尺寸是否理想及与整体的协调。

找出需要修改的地方与板房师傅沟通，提出修改意见，重新进行纸样的修正，及相关配饰、配件、工艺、后整理的处理，重新制作样衣，直至达到设计要求。

这一环节对设计者来说是一个成长的重要过程，是设计者积累经验走向成熟的必由之路，通过样衣的修改至成型定款，使设计者体会到纸上效果与成衣的不同，提高设计者掌控面料的能力、色彩运用的能力以及各种配件、配饰、特种工艺综合运用的能力，通过经验的积累，使设计者真正把握设计意图与成衣效果的一致性，从而把握市场流行走向成熟。

二、制单

样衣修改至理想效果后，由销售或部门设计总监、老板确定下单做大货。由板房部门或设计师按要求（视企业的编制分工而定）填写生产制造单，生产制造单因厂家和生产的成衣类型不同而有所差异，一般都标明生产成衣的款号、面料代码或附面料小样、配件小样或型号、生产的码号、尺寸及数量、工艺说明等。如图6-4~图6-6所示。

板房环节虽然不是设计者的主要职责所在，但也直接影响到成衣的制作效果，不但体现了设计者的设计能力，还体现出设计者的协调能力。一个成衣设计师不止是"纸上谈兵"，还应该积极参与成衣的制作过程，体验一件成衣从图纸到完成的各个环节的衔接与配合，体会到创意与成衣之间的尺度，在失败与成功的过程中得到锻炼，丰富设计手法，从而成长为一名成功的设计师。

至此，成衣设计阶段基本完成，其余由生产部门和销售部门完成成衣的制作和流通，设计者应该也必须及时与销售部门沟通，了解销售量；或进入市场，了解成衣畅销或滞销的原因所在，为今后的设计积累实践经验，使自己成为一名与市场接轨的实战设计师，为企业获取利润，实现自我价值。

生 产 制 造 单　　　　　　NO:

合约	太平					款类	8分小喇叭裤		开单日期	2001-5-11
款号	YM-T0077					布类	J14长竹节蓝加绿		落货日期	
数量	120件					尺寸表	FC-CY149		熨法	

码数		25	26	27	28	29		
腰围		27	28	29	30	31		
坐围	浪上 4"	34	35	36	37	38		款式 造法跟图
前裆弧长	连裤头度	$8\frac{1}{4}$	$8\frac{1}{2}$	$8\frac{3}{4}$	9	$9\frac{1}{4}$		
后裆弧长	连裤头度	$12\frac{3}{4}$	13	$13\frac{1}{4}$	$13\frac{1}{2}$	$13\frac{3}{4}$		尺寸跟 FC-CY149
脚围	浪下	$20\frac{1}{2}$	$20\frac{3}{4}$	21	$21\frac{1}{4}$	$21\frac{1}{2}$		
脚围	浪下 2"	$19\frac{1}{4}$	$19\frac{1}{2}$	$19\frac{3}{4}$	20	$20\frac{1}{4}$		
膝围	浪下 12"	$13\frac{1}{2}$	$13\frac{3}{4}$	14	$14\frac{1}{4}$	$14\frac{1}{2}$		
脚围		$15\frac{3}{4}$	16	$16\frac{1}{4}$	$16\frac{1}{2}$	$16\frac{3}{4}$		
内长		20	20	21	21	21		
拉链		3.5	3.5	4	4	4		
数量		10	15	15	10	10	60 23BR	打砂重酵磨漂
		10	15	15	10	10	60 BGBR	前后袋口、脚边磨烂

拉链	3YG	配色	袋布线	604#	白色	主唛	SBM-1630 车四边于后中裤头内
面线	606#	宝蓝	撞钉	SBR-3082	10个	机头唛	SBM-1632 车于左后机头
打边线	604#	蓝色	钮	SB-2111	27/L 1粒	皮牌	SBL-7135 车于右后腰头
打枣	604#	宝蓝	挂咕	SBH-4177 合格证		洗水唛	BOC-1265 左后裤头下

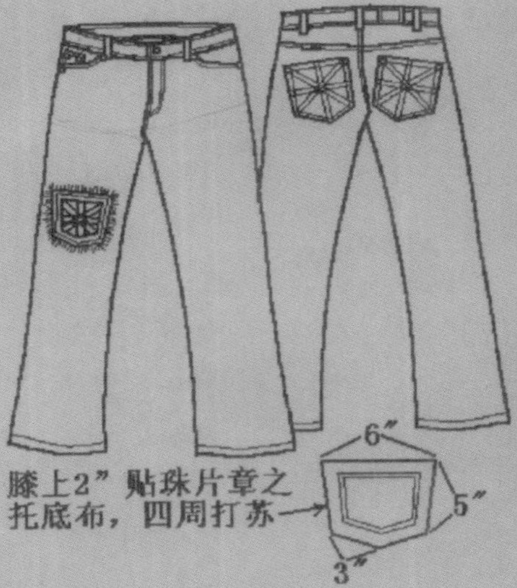

膝上2"贴珠片章之
托底布，四周打苏→

6"
5"
3"

前袋	环口车 1/4" 双线，袋口打撞钉
后袋	环口车 1/4" 双线，阔窄线装袋，1/4" 双线车"米"字形袋花。袋口打撞钉
表袋	环口车 1/4" 双线，装袋车 1/4" 双线。袋口打撞钉
前幅	膝盖上 2" 用 1/4" 双线车毛边贴布，贴布周围剪 1/2" 苏，洗水后用手工针缝上珠片章。（如图）
后机头	埋夹车 1/4" 双线。（下包上）
钮牌	男装 1-1/2 双线，边车 1/4 单线，打横直枣
小浪	环口车 1/4 双线
后浪	埋夹 1/4 双线（左包右）
外脚	埋夹 1/4 双线（后包前）
底浪	五线打边
裤头	上拉下车 1-1/2 双飞弯裤头，平口对咀，打凤眼
耳仔	摆耳五只：1/2X2-3/8 前 2 后 3 只，裤头下摄，上下打枣
脚	环口车 1/2 单线

图6-4　生产制造单（一）

YMT0194—27102—
YMT0194—25002

生 产 制 造 单

NO:

合约	太平			款类	女装中袖有帽牛仔外套		开单日期	2001-12-18
款号	YM-T0194			布类	10 安左斜蓝牛		落货日期	
数量	100 件			尺寸表	YM-T0180（1）		熨法	

码数		S	M	L				
胸围		34	35$^1/_2$	37				
腰围	夹下 5"度	29	30$^1/_2$	32			款式、造法跟单。	
脚围		33	34$^1/_2$	36				
胸围		15	15$^1/_2$	16			尺寸基本跟 T0180	
袖长		14	14$^1/_2$	15				
袖口		4$^1/_2$	4$^3/_4$	5			但领、帽尺寸不同	
夹圈		8$^1/_2$	8$^3/_4$	9				
帽高	连企领度	12$^1/_2$	13	13$^1/_2$				
领高		1$^1/_4$	1$^1/_4$	1$^1/_4$				
领长		16$^1/_2$	17	17$^1/_2$				
后中长		21	21$^1/_2$	22				
数量		20	50	30			100 新 28B	

拉链			工字组	SB-2111		14 粒	主唛	Yamamoto's 牛仔织带车于后中领下
面线	606#	299 色					旗唛	SBF-1706 撮车于左胸袋左侧
打边线	604#	配色					唛头章	SBM-1716 车于后中脚边
打枣	604#	299 色	挂咭	SBH-4190/4191 合格证				
袋布线	604#	白色					洗水唛	BOC-1265 撮车于左侧脚上 5"

（生产图样）	（生产制造细则）

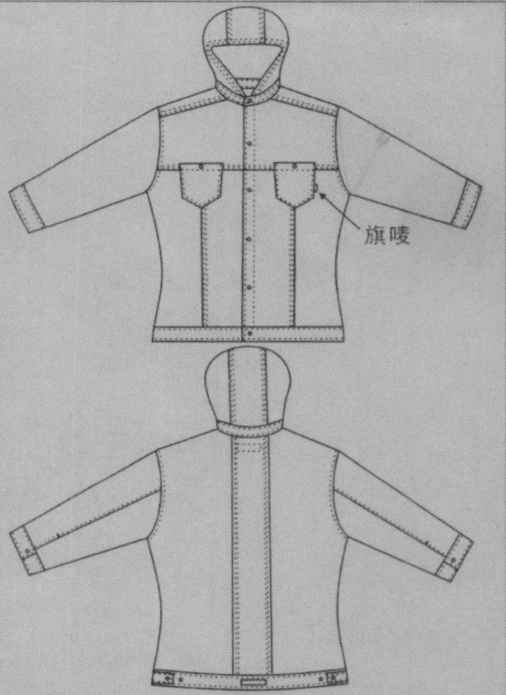

帽	三片帽下驳 1-1/4"企领，帽中破骨打边车 1/4"双线（中包侧），帽沿环口车 1/4"双线，帽下企领运反车边线，装领车边线，领嘴开凤眼
前担干	前担干打边车 1/4"双线（上包下）
竖破骨	前后竖破骨打边车 1/4"双线（中包侧）
胸袋	三尖袋袋口环口车 1"单线，袋口中间开凤眼打工字钮，装袋车边线，袋口打枣。（注意贴袋盖过担干上 1"）
门筒	原身出筒 1-1/4"车单线，边车边线
肩	打边车 1/4"双线（后包前）
夹圈	打边车边线
侧骨	埋夹车 1/4"双线（前包后）
袖	袖后切驳打边车 1/4"双线，距袖口 3"开袖衩，衩尖打枣
袖底骨	埋夹车 1/4"双线
介英	下拉上车 1-1/2"阔介英，平口封咀，开凤眼
脚	下拉上车 1-1/2"阔脚，平口封咀，开凤眼
脚侧搭带	1-1/4"×4"长方搭带运反车边线，搭带咀开凤眼

旗唛

图6-5 生产制造单（二）

欧璐(香港)服饰有限公司生产通知单 NO: 0000882

厂名：________ 款　号：GW18243款 款　式：________ 发单日期：________ 交货日期：________

订单数量：________ 面料名称：全幼:38件 面料用量：________ 配布用量：________ 实裁数量：________

尺码 / 部位	S	M	L	XL	辅料说明
衣　长					烟治　旗唛
裤　长					拉链　纽扣
肩　宽					折唛　吊唛
胸　围					品牌.胶牌.吊线(各)
腰　围					洗水唛 主条×33条/件.
脚　围					折装胶袋 大钮扣×10粒.
袖　长					挂装胶袋 小钮扣×8粒.
袖　口					装饰品 腰带扣×1个
坐　围					3#鸡眼×7套、气眼×15跟布色
夹　围					1#胶扣×7粒跟主布色.
前裆弧长					手钩花×1朵 跟主布色.
后裆弧长					
					请参照辅料卡.

款式图：

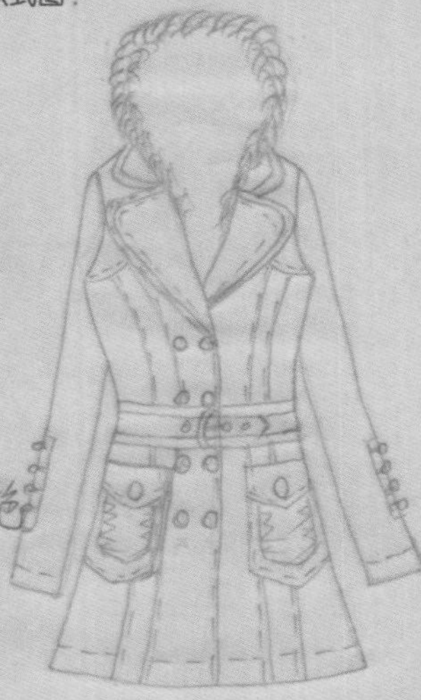

制作要求：

颜色 / 尺码				
	(A)	(A)	(A)	(A)
	(B)	(B)	(B)	(B)
	(C)	(C)	(C)	(C)
S				
M				
L				
总　数				
合　计				

如厂方逾期交货、没按制单要求做货或出现品质问题，厂方应赔偿相应的经济损失费。
如样版或纸样有问题厂方应及时通知本公司。

制单人：________ 生产厂：________ 厂方负责人：________

第一联 公司(白) 第二联 工厂(红) 第三联 物料房(黄) 第四联 跟单(蓝)

图6-6　生产制造单（三）

第七章　特种工艺

　　特种工艺在本书中泛指出一般平缝以外的工艺处理方式，在女装成衣设计中，特种工艺应用的种类较多，设计者如果能熟练应用，能更好地为服装增加内涵，提高附加值。特种工艺应用的熟练程度也是衡量成衣设计师能力的标准之一。因此，设计师应较多了解各种特种工艺的特点及操作方法，为自己的款式设计增添光彩。本章为读者提供的实例，可供参考。

一、电脑绣花

　　电脑绣花属于机绣的一种，由电脑控制，将进针的程序、针距的长度、针数输入软件，通过它表达绣花的意图。自1977年日本百灵达公司开发首台电脑控制装置的电脑绣花机以来，刺绣行业得到飞速发展。

　　近几年来，行业的发展需要，各类特种电脑绣花机如品片绣、绳绣、缠绕盘带绣、链绣、毛巾绣等机型也应运而生（图7-1）。虽然绣品没有手工绣档次高，绣面不及手工绣精致，但是速度快、效率高、绣面平整，产品规格一致，适合批量生产，因此具有很强的竞争力，物美价廉，生产制作的服装深受人们的喜爱，具有广阔的市场前景（图7-2~图7-8）。如图7-2所示，在T恤或运动服的适当位置绣上标志，较之胶印或者水印工艺，更为立体，更能体现运动的速度和力量感。

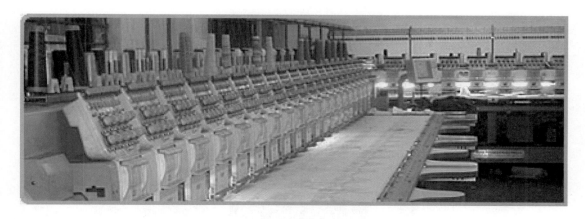

图7-1　多头电脑绣花机

图7-2　平绣图例《奥运2008》

图7-3　平绣图例

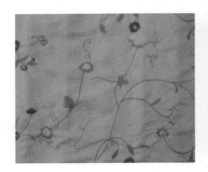  

图7-4　综合绣图例

图7-5 平绣在T恤衫的应用

图7-6 综合绣在T恤衫的应用

图7-7 电脑绣花在中式套装的应用　　　图7-8 电脑绣花在棉服袖口的应用

二、手钩绣花

编织服装俗称手钩花，这是潮汕人民的传统工艺，可以说是一门绝技，有着悠久的历史民族文化，一针一线，在心灵手巧的潮汕妇女的手中，便能使之成为一件件时尚美丽的服饰。一件好的服饰，就是一首诗、一幅画、一曲歌，是通过色彩、造型、素材、针法的和谐搭配传出的一种情怀，一种美的内心感受。

手钩时装、工艺服装、针织通花、潮汕手钩花、针钩时装、手工编织工艺品、钩编服饰品等均是手钩绣花产品的发展与应用（图7-9～图7-14）。

  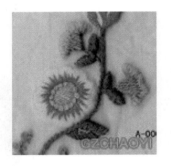

图7-9　手钩绣花饰花

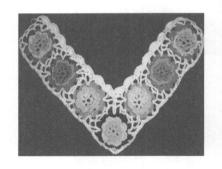 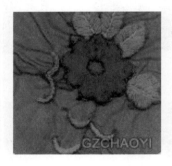 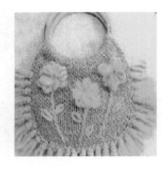

图7-10　手钩绣花领花　　　图7-11　手钩绣花饰花　　　图7-12　手钩绣花饰袋

图7-13　领口手钩绣花衫

图7-14 手钩绣花服装

三、抽绣

抽绣，俗称白纱。江浙一带称为花边，北京称为挑补绣。抽纱一词，是从英语Drawnwork转译过来的，指根据图案设计，用小剪刀在布料上将花纹部分的经纱和纬纱挑断抽出，然后在剩下的稀疏经纬纱上用绣线加以连缀，呈现透空花纹图案而制成的手工艺产品。广义的抽纱，指用针具在各种布料上进行刺绣及用纱线编结而成的工艺品（图7-15）。

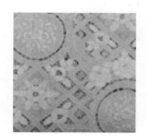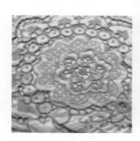

图7-15 抽绣图例

早在唐贞观年间（627～649年），刺绣工艺已在潮汕一带广为流传，历代沿延相传。第二次鸦片战争以后，抽纱从欧洲传入潮汕，潮汕抽纱中的通花，俗称哥罗纱、菲立等，带有外来语直译的意思。后经过胶东一带民间传统鲁绣艺人演绎整理，一种通过"抽、绣、编、锁、勒、挑、补、雕"等技法在白色亚麻或棉麻混纺布上，制作各种装饰纹样的"抽绣"艺术诞生了，赋予了文登刺绣花纹粗犷雄健，色彩富有变化的浓郁的地方特色。经过广大艺人和设计人员的努力，把中国固有的刺绣技艺与欧洲抽纱花边的技艺、图案纹样，加以融合嫁接，发展成为具有完美艺术风格的独立织绣工艺。

　　抽绣产品属民间手工艺品，具有浓厚的民族和乡土特色，且是用、穿、住产品，与人类的生活息息相关，特别适合近年来国际市场崇尚自然的理念，因而深受国内外客户的青睐。

　　抽纱原材料主要是棉布/棉纱，抽纱生产设备主要是缝纫机/钩绣针等（图7-16）。

　　抽绣室内装饰品，抽绣服装以及台布、窗帘、被单套、枕套、床罩、手帕、垫盘、围裙等抽绣产品都是抽纱的延伸（图7-17、图7-18）。

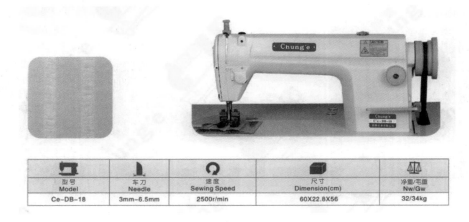

型号 Model	车刀 Needle	速度 Sewing Speed	尺寸 Dimension(cm)	净重/毛重 Nw/Gw
Ce-DB-18	3mm-6.5mm	2500r/min	60X22.8X56	32/34kg

图7-16　抽纱设备

图7-17　抽纱时装（一）

图7-18 抽纱时装（二）

四、压线褶

压线褶是应用缉明线的方式，在衣片上缉1cm左右宽有规律的褶裥，使平面的面料形成有节奏变化的立体造型，衬衣类的服装较常用（图7-19、图7-20）。

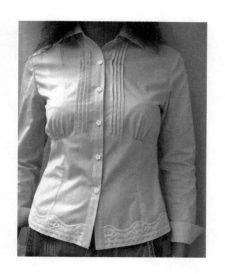

图7-19 缉明线背心小衫　　　　　　　图7-20 缉明线衬衫

五、植毛绣

植毛绣也称植绒绣，目前行业应用以植绒机为主要制作设备（图7-21），并在日常纺织服装生产中应用广泛，密切地贴近人们生活的第一线，如儿童服装、时装、T恤衫、时装裤、标志服、毛衣、鞋帽、箱包、手提袋、儿童书包、毛巾、桌面饰布、高档产品及礼品包盒、工艺字画、壁挂、灯笼、玩具、广告标牌、装饰装潢等行业，植绒机都可植出多色花形、卡通图案、人物、山水画、企业标志等（图7-22、图7-23）。

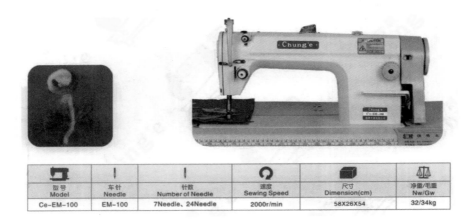

型号 Model	车针 Needle	针数 Number of Needle	速度 Sewing Speed	尺寸 Dimension(cm)	净重/毛重 Nw/Gw
Ce-EM-100	EM-100	7Needle，24Needle	2000r/min	58X26X54	32/34kg

图7-21　植毛机

图7-22　植毛图例

图7-23　童装上衣

六、服装手绘

通俗地讲，服装手绘是指在服装上画画（手工绘画），目的是让服装从整体上更美、更有个性，由于是手工绘画，从而也就变得独一无二了。适合做服装手绘的面料，一般是纯棉质地的光板服装较多；也有用其他面料的，如丝绸、牛仔面料、皮革、针织面料等。

衡量服装手绘的质量有以下几点：手绘出来的图案漂不漂亮，如用笔是否讲究，颜色搭配是否合理等；二是服装的款式和质量能不能满足顾客的需要。在服装上手绘不能把服装当画布，图案是为服装整体服务的，绘者要具有绘画的基本功，并且对服装设计有所领悟，才能把手绘服装做得更美。

服装手绘不只是年轻人喜欢，不少中老年人也很喜爱这类服饰，年轻人青睐张扬个性的动漫画卡通类图案，中老年人则喜欢较典雅的图案（图7-24、图7-25）。

图7-24　牛仔外套

图7-25　牛仔裤

（一）服装手绘主要特点

（1）随需而绘，不同于绣花、印染、丝网印花，开发潜力大。

（2）采用植物颜料、珠光颜料、金葱粉等专业颜料配制，具有色彩亮丽，水洗不掉色，符合人体安全卫生标准；手感好，能保持衣服的柔软性。

（3）手绘与绣花、缝珠片、烫钻等互相搭配，效果极佳。

（4）纯手工绘制，具有颜色浓淡层次变化、线条晕开等效果，达到机器所达不到的效果。

（5）制作工艺独特，不易褪色，符合崇尚个性的潮流。

（6）采用流水线作业，可大批量生产，降低成本。

（二）手绘衣物的一些保养方法

为了穿得长久一些，就要对心爱的手绘服装稍微做一些相应的保养，以便让它真正成为有个性又耐穿的美丽服装。

由于手绘是专用的手绘颜料，既有渗透的，也有覆盖于服装纤维表面的，而且图案的颜料表面不曾附着脏物，所以洗衣时不要使用漂白性的洗涤剂，更不可用力搓洗图案的表面，而且最好以低于40℃的温水或凉水来清洗。

尽量不要使用洗衣机来做洗涤，一定要用洗衣机来洗时也只能用弱洗，而且要将有服装图案的那一面翻到里面再洗。洗涤完成后，尽快从洗衣机中取出，不要用甩干机甩干，要自然晾干，也不要将手绘服装置于阳光下曝晒。

掌握手绘服装的一些保养方法，稍加注意，就可以让自己喜欢的手绘服装图案保持美丽不掉色，鲜艳持久。

七、手摇绣花

（一）CS—530系列手摇式链目缝绣花机（图7-26）

1. 规格

（1）最高缝速：800 针/分钟

（2）针棒冲程：14 mm

（3）最大缝目：4.5～5.0 mm

（4）压脚提升：5/7 mm

（5）使用针：137×1TR，137×1SM

（6）送料：万向移动送料

（7）车缝特性：单线，链目缝

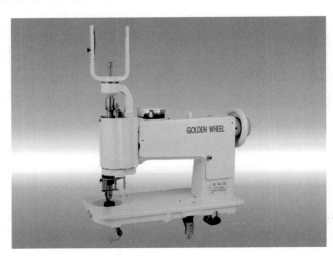

图7-26　手摇式链目缝绣花机

2. **特点**

（1）CS—530系列机器不同于传统式机器的纵向或横向的缝制送料，因为它是采用全方向的万向式送料机构，所以用手简单的手摇操控，即可缝绣出所需的式样或图案。

（2）适用于毛巾、床罩、衬衫、外套、窗帘、旗帜、毛毯、服装、女帽、纪念帽等的绣饰。

- CS—530：有五种绣花功能：链目绣、毛巾绣、饰带绣、包绳绣、蜈蚣绣（图7-27）。

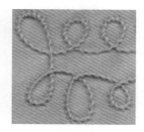

图7-27　蜈蚣绣图

可调式的齿轮设计系统：在包绳绣时，每次包绳，可视实际状况需要，来选用适合的1针或2针或3针或4针。

- CS—530—3：三种绣花功能：链目绣、毛巾缝、饰带绣（图7-28）。

- CS—530—2：两种绣花功能：链目绣、毛巾缝。

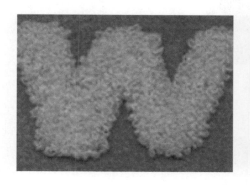

图7-28　毛巾缝

（二）CS—530—100单针/双针手摇式人字缝绣花机（图7-29）

1. **规格**

（1）最高缝速：600针/分钟。

（2）针棒冲程：28 mm。

（3）最大缝目：4 mm。

（4）使用针：DV×1。

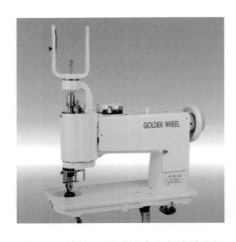

图7-29 单针/双针手摇式人字缝绣花机

（5）缝制方式：单针/双针，本缝/人字缝。

（6）送料方式：万向移动送料。

（7）人字缝宽度：最大6mm。

（8）双针针距：3.5mm（标准）。

（9）使用釜：月眉（摆梭）。

2. **特点**

（1）此型机器不同于传统式机器的纵向或横向的缝制送料。因为它是采用全方向的方向式送料机构，所以用手简单地手摇操控，即可缝绣出所需的式样或图案。

（2）更换不同的零配件，即可适用于各种不同的缝绣工程，例如：包绳绣、人字缝、亮片（串成带状）绣、串珠（串成带状）绣、饰带锈、缎带边缘绣、打褶缝等（图7-30～图7-34）。

图7-30 包绳绣

图7-31 串珠绣

图7-32 亮片绣

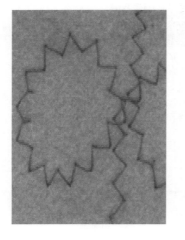

图7-33 人字缝

图7-34 饰带锈

（3）适用于毛巾、床罩、衬衫、外套、窗帘、运动服、旗帜、毛毯、时装、女帽、纪念帽等的绣饰（图7-35）。

图7-35　牛仔外套

八、综合应用

综合应用是由两种以上特种工艺构成的工艺方式在服装上的应用，比单一的工艺更加丰富，特别是在创意服装和礼服的运用更加广泛（图7-36～图7-41）。

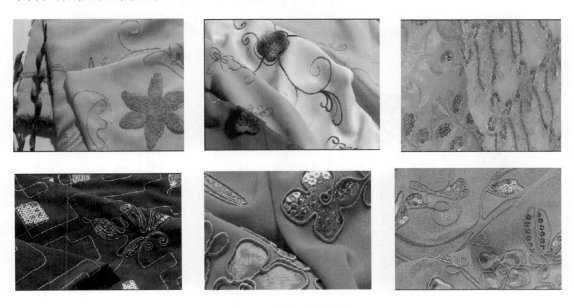

图7-36　综合应用图例

图7-37　综合应用——T恤　　图7-38　综合应用——衬衫

图7-39　综合应用——礼服

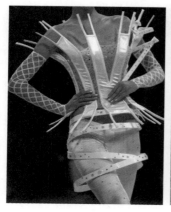  

图7-40　创意服装　　　　　　　图7-41　综合应用——高级时装

第八章　成衣品牌实操案例

案例一：2015春夏女装商品策划案（图8-1～图8-29）

图8-1　5月休闲——清新森女派

图8-2　6月休闲——清新森女派

图8-3　烧花花卉图案T恤+糖果色裤

图8-4　花卉艺术

图8-5　花卉图案

图8-6　烧花面料T恤

图8-7　宽松剪裁T恤

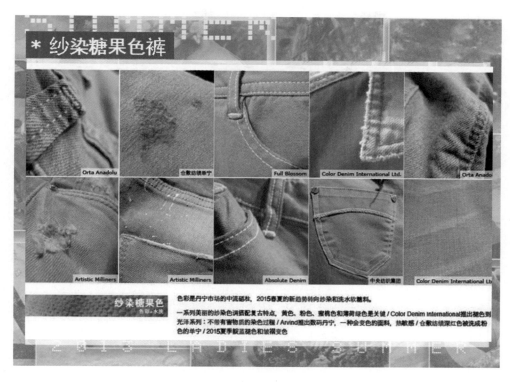

图8-8 纱染糖果色裤

图8-9 两件套蕾丝面料T恤+8分中裤

图8-10　蕾丝面料T恤（一）

图8-11　蕾丝面料T恤（二）

图8-12　两件套T恤

图8-13　8分裤

图8-14　甜美衬衣+丝巾图案T恤+丝巾装饰短裤

图8-15　甜美衬衣（一）

图8-16　甜美衬衣（二）

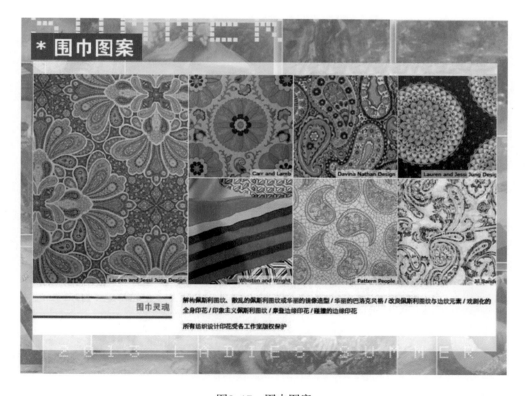

图8-17　围巾图案

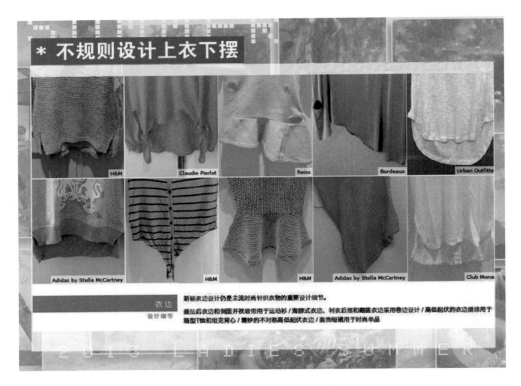

图8-18　不规则设计上衣下摆

图8-19　短裤装饰——丝巾

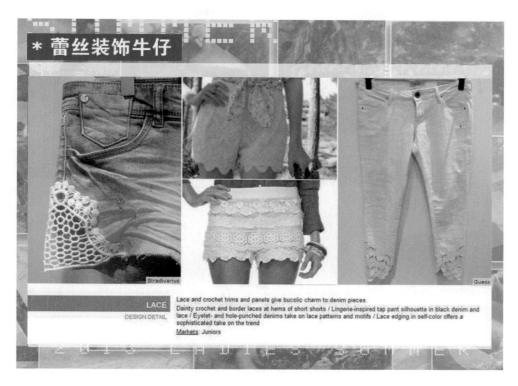

图8-20　蕾丝装饰牛仔

图8-21　拼布/镂空T恤+裙摆型短裤

图8-22　拼布T恤

图8-23　镂空设计T恤

图8-24　裙摆型短裤

图8-25　亮色短裤

＊休闲组潮流元素分布（一）

尝试：★　　可以：★★　　完全可以：★★★

品种	元素	基本	时尚	潮流
上装	花卉图案	★★	★★★	★★★
	宽松剪裁T恤		★	★★
	烧花面料T恤		★★	★★★
	蕾丝面料T恤	★	★★★	★★★
	两件套T恤		★	★★
	甜美衬衣	★	★★	★★★
	丝巾图案		★	★★
	不规则设计上衣下摆		★	★★
	拼布T恤		★★	★★★
	镂空设计T恤		★	★★

图8-26　休闲组潮流元素分布（一）

＊休闲组潮流元素分布（二）

尝试：★　　可以：★★　　完全可以：★★★

品种	元素	基本	时尚	潮流
下装	糖果色裤			★
	8分裤		★	★★
	围巾短裤装饰		★★★	★★★
	裙摆型短裤			★★
	亮色短裤			★
	蕾丝装饰牛仔		★★	★★★
	直筒剪裁裤	★★	★★★	★★★
	窄脚剪裁裤	★★	★★★	★★★

图8-27　休闲组潮流元素分布（二）

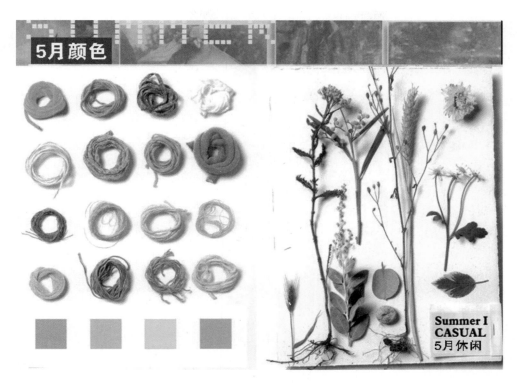

图8-28 5月颜色——5月休闲

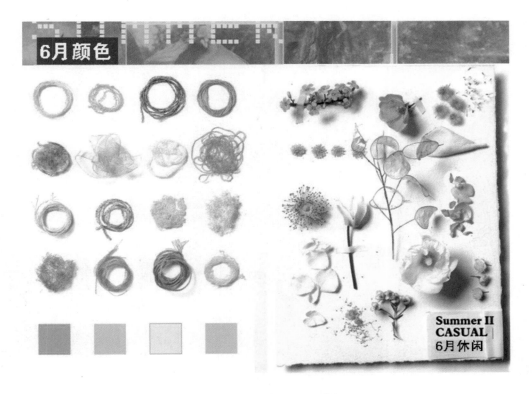

图8-29 6月颜色——6月休闲

案例二：2015秋冬女装、少女装设计企划——"汇合"之外套、夹克（图8-30～图8-41）

图8-30　外套、夹克款式图

拼接皮草大衣 / 俄国羔羊毛与长毛皮草混合 / 灰色、浅褐色、蓝色色块拼接 / 补丁口袋 / 搭扣闭襟

图8-31　拼接皮草大衣

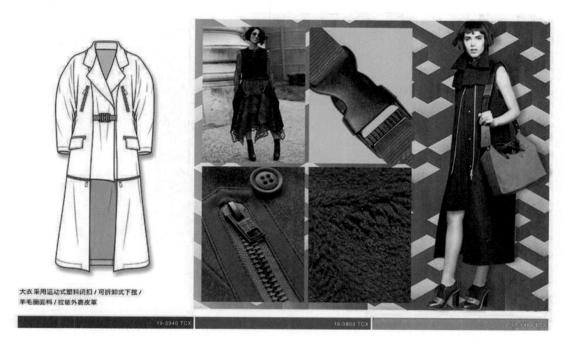

大衣采用运动式塑料闭扣 / 可拆卸式下摆 /
羊毛圈面料 / 拉链外裹皮革

图8-32　大衣

连帽大衣 / 拉链暗门襟 / 补丁式口袋 / 内嵌式腰部抽绳 /
贴合式功能面料采用深蓝色、橙红色、柑橘色等色彩设计

图8-33　连帽大衣

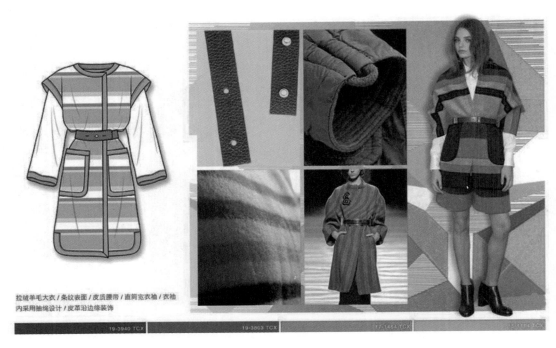

拉绒羊毛大衣 / 条纹表面 / 皮质腰带 / 直筒宽衣袖 / 衣袖
内采用抽绳设计 / 皮革沿边缘装饰

图8-34　羊毛大衣

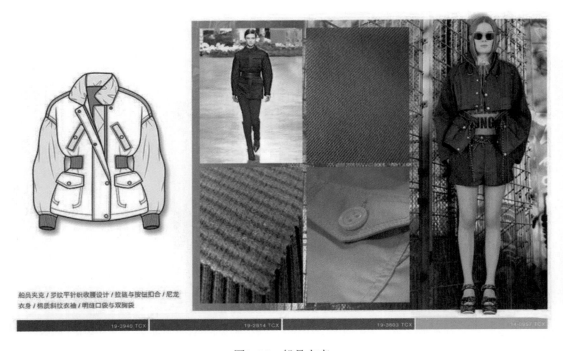

船员夹克 / 罗纹平针织收腰设计 / 拉链与按钮扣合 / 尼龙
衣身 / 棉质斜纹衣袖 / 明缝口袋与双胸袋

图8-35　船员夹克

色块设计实用夹克采用双贴袋设计 / 按钮翻盖 / 带有隐藏
兜帽与外露拉链的漏斗领 / 肩袢 / 罗纹针织袖口

图8-36　色块设计实用夹克

不对称腰带夹克 / 开领 / 色块设计 / 拉链闭合 / 前襟右方
是翻盖口袋 / 混合人造面料与皮草纤维

图8-37　不对称腰带夹克

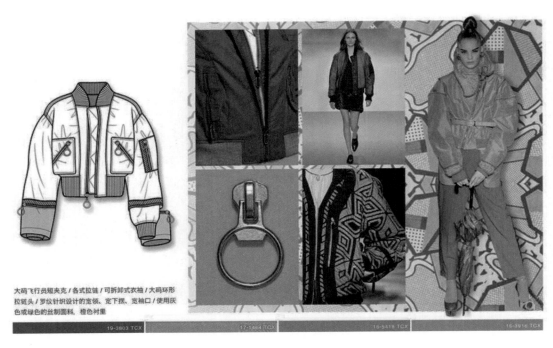

大码飞行员短夹克／各式拉链／可拆卸式衣袖／大码环形
拉链头／罗纹针织设计的宽领、宽下摆、宽袖口／使用灰
色或绿色的丝制面料，橙色衬里

图8-38　飞行员短夹克

混搭式披风短夹克／双面功能型尼龙／外露拉链闭合／前
襟翻盖按钮式口袋／罗纹针织衣领与下摆

图8-39　混搭式披风短夹克

皮草衬里船员马甲 / 可拆卸式皮草衬里 / 前襟贴袋 / 拉链
与按扣闭合 / 羊绒与皮草混纺作为衬里

图8-40 皮草衬里船员马甲

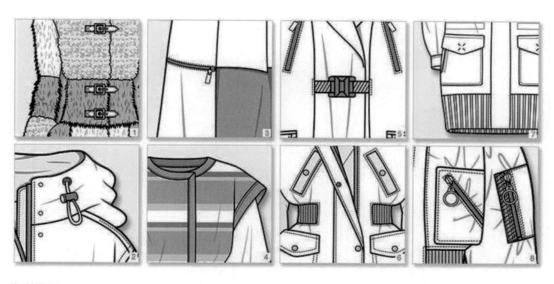

设计细节

1. 拼接皮草大衣　　　3. 可拆卸式面料　　　5. 塑料闭扣　　　7. 大码棱纹下摆

2. 弹性抽绳　　　　　4. 皮革滚边　　　　　6. 罗纹针织装饰　　8. 环形拉链头

图8-41 设计细节

案例三：2014秋冬女装、少女装设计企划——"狂喜"之连衣裙、半身裙（图8-42～图8-51）

图8-42　系列设计简图

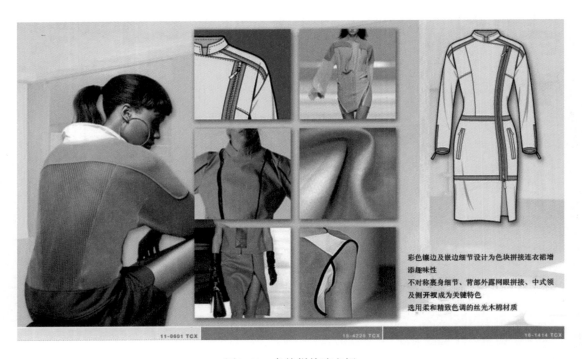

图8-43　色块拼接连衣裙

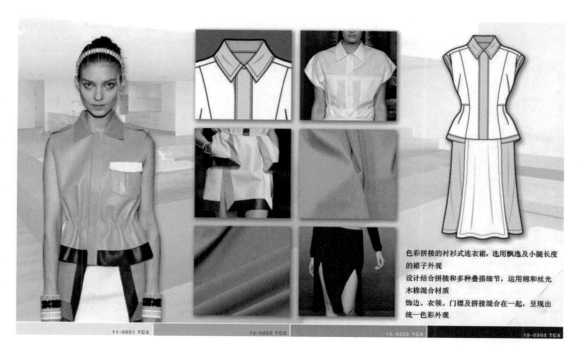

图8-44 衬衫式连衣裙

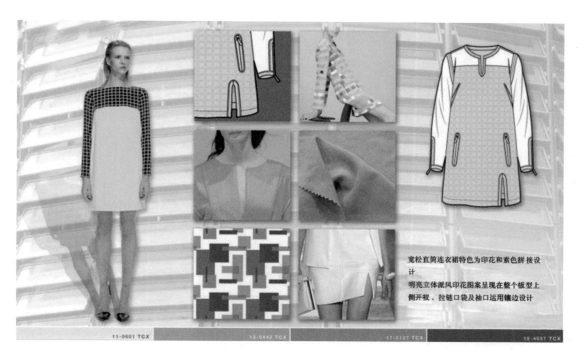

图8-45 直筒连衣裙

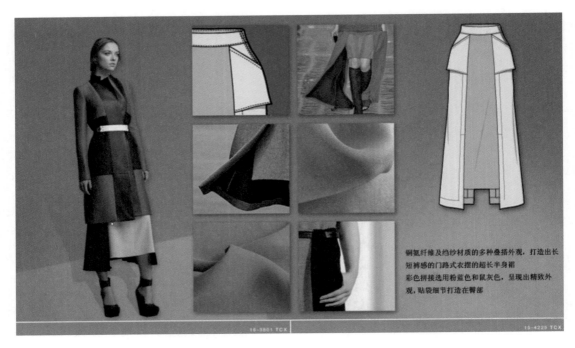

图8-46　超长半身裙

图8-47　铅笔式半身裙

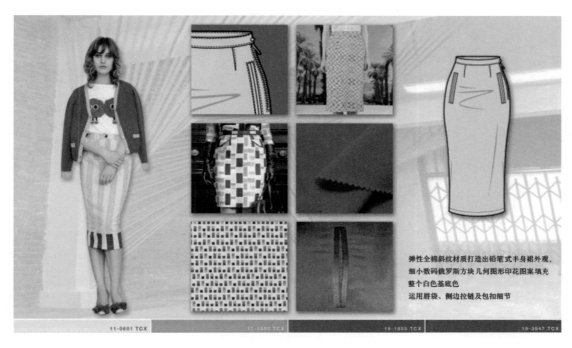

图8-48　全棉铅笔式半身裙

图8-49　微喇底边半身裙

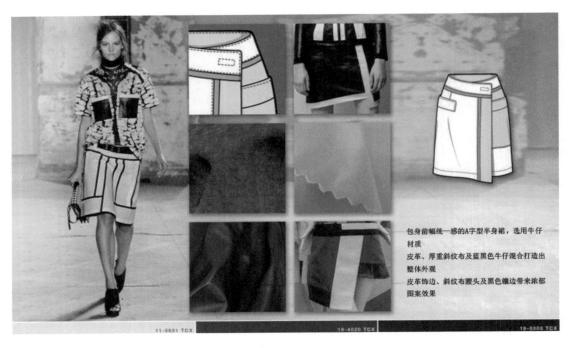

包身前幅统一感的A字型半身裙，选用牛仔材质

皮革、厚重斜纹布及蓝黑色牛仔混合打造出整体外观

皮革饰边、斜纹布腰头及黑色镶边带来浓郁图案效果

图8-50　牛仔半身裙

机车半身裙选用柔和黑色皮革打造流行填充式图案的大面积绗缝细节成为亮点，外露不对称拉链细节呈现在前幅位置上，而通风口细节带来舒适感

图8-51　机车半身裙

案例四：天瑜服饰2014趋势（图8-52～图8-70）

2014春夏设计理念

以优质为基础，以风格为灵魂，设计、开发核心始终完全符合18～45岁女性的需求。简洁、易搭配、强调百搭，同时融入2014春夏流行元素，设计师以时尚、潮流、个性化为主，在经典造型中创新，满足求新和人性化需求，尽显中国女性青春自信、独立、品位、时尚的真我本色。

采用国际流行面料，缠绕与网状蕾丝结构和女性化触感的面料具有自然之美，完美展现女性柔美和知性。优雅的细节彰显沉稳低调的大气之风，面料舒适而不失轮廓。

2014春夏流行色趋势

2014春夏的色彩非常自由，更加微妙浅淡，并充满自信地运用活力色。紧接着出现的是棕红色、水鸭色、红色及醒目的蓝绿色，粉蓝与"盛夏太阳黄"搭配白玫瑰色、薄荷绿、亮橘色及深蓝色，"淤泥色"、"油脂黄"、烤焦的金属粉色及"吸血鬼红色"为2014春夏创造出最严肃的调色盘。"纯正棕褐"色及"板岩灰"色作为中和色，衬托"蓝色药片"色；"深泥灰"色与"大理石"色完成了这个色彩系列。

粉色

2013春夏采用甜蜜的粉红色，2013秋冬采用粉红色、银粉红色化妆品色调及闪烁的樱桃色，形成对比的效果，2014春夏季为粉红色注入浓浓的暖意。

图8-52　粉色

红色

2013春夏的大胆红色呈现叛逆色泽。2013秋冬季采用柔和色泽的酒红色和波特色，与火红色形成对比。2014年春夏季的红色色调彰显饱和，涌现出醒目的红宝石色。

图8-53 红色

紫色

2013年春夏季色彩倾向人造色泽，2013年秋冬季出现华丽的贵族紫色，并搭配淡紫色和黑莓色。2014年春夏季紫色调变得柔和，采用更加女性化的热辣、性感色彩。

图8-54 紫色

蓝色

2013年春夏季的数字蓝色调在2013年秋冬季变得更加忧郁、阴沉，而2014年春夏季变得澄清，彰显海洋蓝色。

图8-55　蓝色

绿色

2013年春夏季的绿色展示人造和水中风格，2013年秋冬季采用橄榄色、绿玉色和孔雀色奇特地组合在一起。2014年春夏季采用薄荷色、黏土褐色和棕榈树及梧桐绿色。

图8-56　绿色

粉蜡色

2013年春夏季清晰、凉爽的粉蜡色在2013年秋冬变得更加温暖、富有活力，而2014年春夏季的杏仁色、柔和绿色和糖果粉红色变得更加柔和。

图8-57　粉蜡色

橘色

2013年春夏的沙色、羞红色调在2013年秋冬季趋向于化妆品色彩，2014年春夏季变幻节奏，呈现出明亮、鲜润色泽。

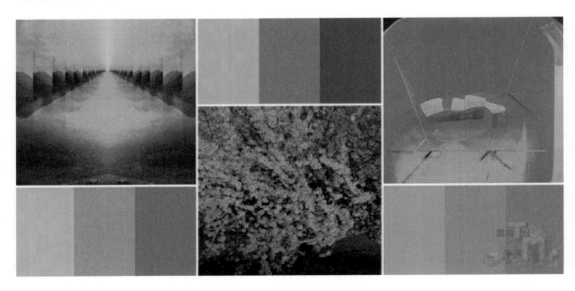

图8-58　橘色

棕色

2013春夏季的褪色和柔和色调在2013年秋冬季变得更加温暖，2014春夏季呈现更加浓郁的金棕色、淡赤黄色和树皮色。

图8-59 棕色

2014春夏面料趋势

图8-60 极端蕾丝

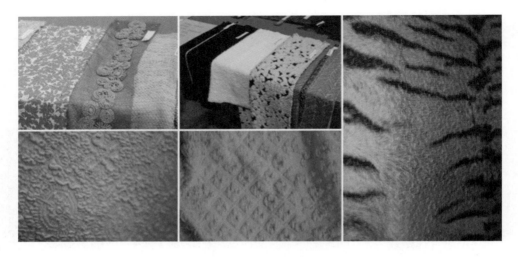

图8-61　女性化触感

图8-62　改良民族风

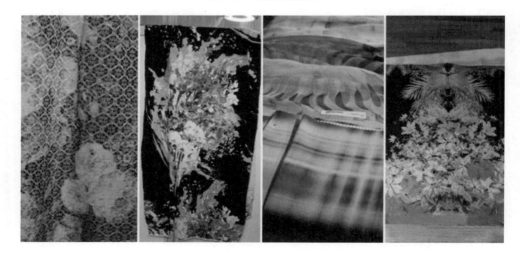

图8-63　数字时代

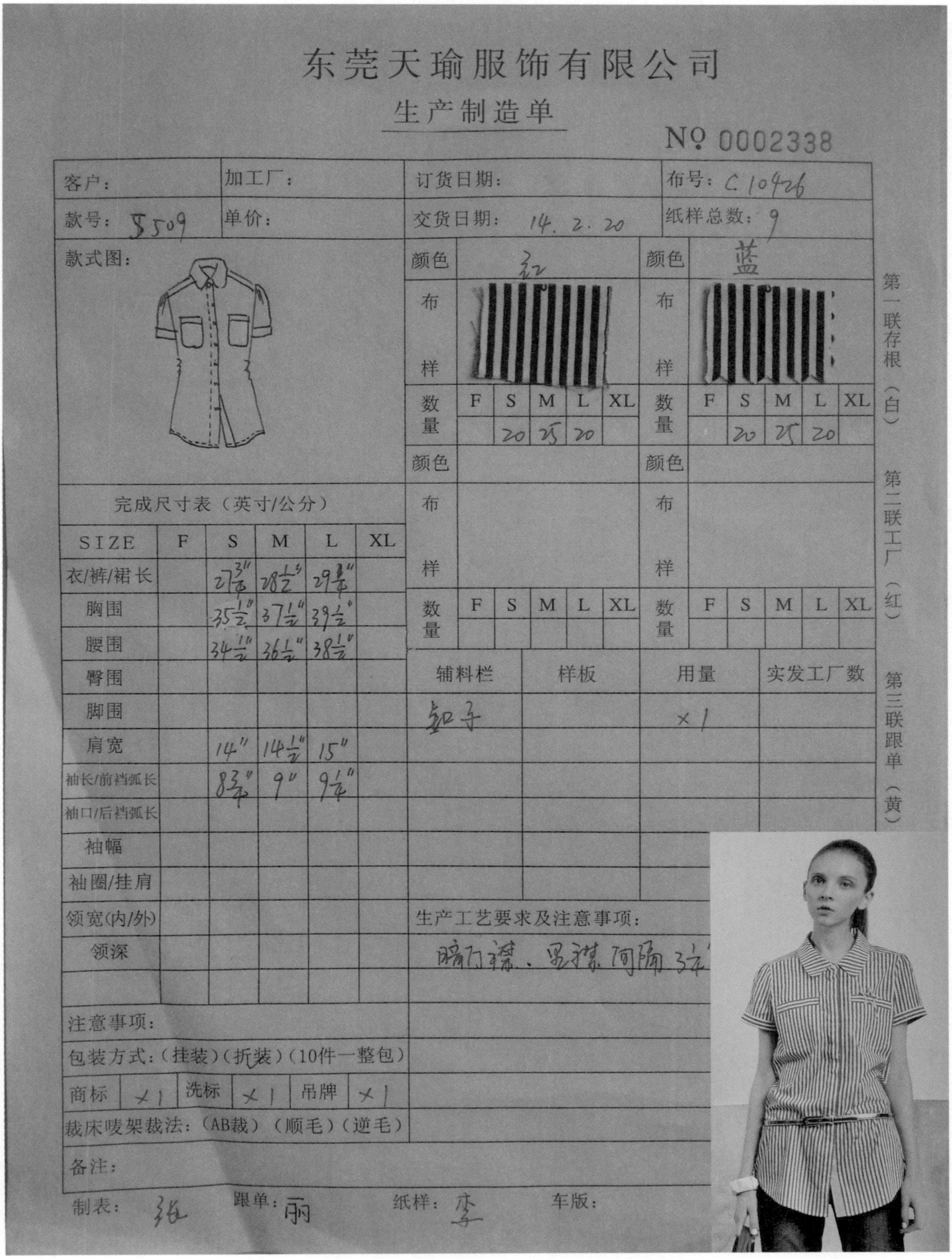

东莞天瑜服饰有限公司

生产制造单

NO 0002338

| 客户: | 加工厂: | 订货日期: | 布号: C 1042b |
| 款号: 5509 | 单价: | 交货日期: 14.2.20 | 纸样总数: 9 |

	颜色 红		颜色 蓝	
款式图:	布样		布样	
	数量	F S M L XL 20 25 20	数量	F S M L XL 20 25 20
	颜色		颜色	
	布样		布样	
	数量	F S M L XL	数量	F S M L XL

完成尺寸表（英寸/公分）

SIZE	F	S	M	L	XL
衣/裤/裙长		$27\frac{3}{4}''$	$28\frac{1}{2}''$	$29\frac{3}{4}''$	
胸围		$35\frac{1}{2}''$	$37\frac{1}{2}''$	$39\frac{1}{2}''$	
腰围		$34\frac{1}{2}''$	$36\frac{1}{2}''$	$38\frac{1}{2}''$	
臀围					
脚围					
肩宽		$14''$	$14\frac{1}{2}''$	$15''$	
袖长/前裆弧长		$8\frac{3}{4}''$	$9''$	$9\frac{1}{4}''$	
袖口/后裆弧长					
袖幅					
袖圈/挂肩					
领宽(内/外)					
领深					

辅料栏	样板	用量	实发工厂数
钮子		×1	

生产工艺要求及注意事项:

暗门襟、罗纹 间隔 3寸

注意事项:

包装方式:（挂装）（折装）（10件一整包）

| 商标 | ×1 | 洗标 | ×1 | 吊牌 | ×1 |

裁床唛架裁法:（AB裁）（顺毛）（逆毛）

备注:

| 制表: 张 | 跟单: 丽 | 纸样: 李 | 车版: |

第一联存根（白）　第二联工厂（红）　第三联跟单（黄）

图8-64　生产制造单（一）

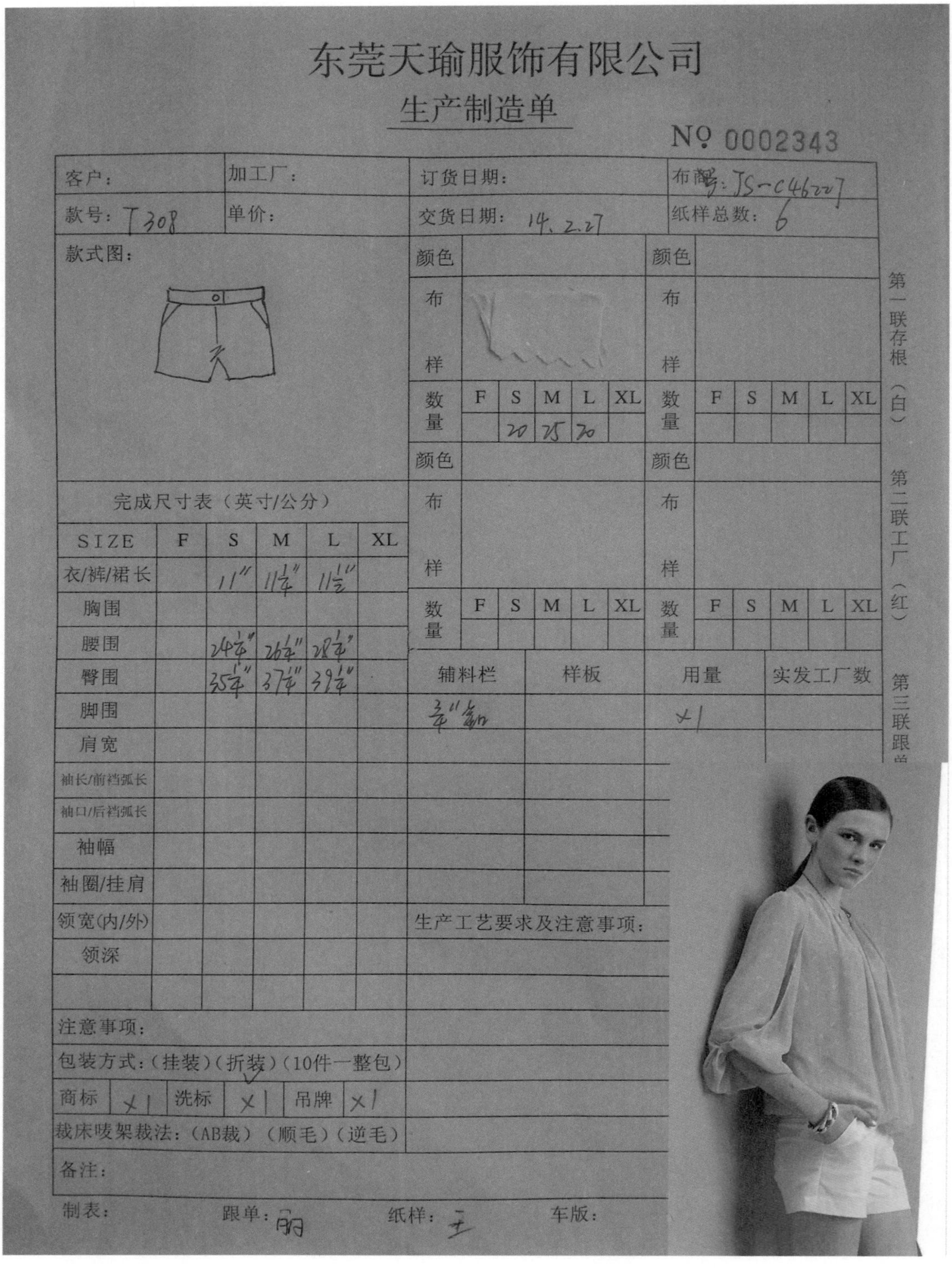

东莞天瑜服饰有限公司
生产制造单

№ 0002343

| 客户： | 加工厂： | 订货日期： | 布配号：JS-C46007 |
| 款号：T308 | 单价： | 交货日期：14.2.27 | 纸样总数：6 |

款式图：

| 颜色 | | 颜色 | |
| 布样 | | 布样 | |

数量	F	S	M	L	XL	数量	F	S	M	L	XL
		20	75	70							

| 颜色 | | 颜色 | |
| 布样 | | 布样 | |

完成尺寸表（英寸/公分）

SIZE	F	S	M	L	XL
衣/裤/裙长		11"	11¼"	11½"	
胸围					
腰围		24¼"	26¼"	28¼"	
臀围		35¼"	37¼"	39¼"	
脚围					
肩宽					
袖长/前裆弧长					
袖口/后裆弧长					
袖幅					
袖圈/挂肩					
领宽(内/外)					
领深					

数量	F	S	M	L	XL	数量	F	S	M	L	XL

辅料栏	样板	用量	实发工厂数
¾" ½m		×1	

生产工艺要求及注意事项：

注意事项：

包装方式：（挂装）（折装）（10件一整包）

| 商标 | ×1 | 洗标 | ×1 | 吊牌 | ×1 |

裁床唛架裁法：（AB裁）（顺毛）（逆毛）

备注：

制表：　　　跟单：丽　　　纸样：王　　　车版：

第一联存根（白）　第二联工厂（红）　第三联跟单

图8-65　生产制造单（二）

东莞天瑜服饰有限公司

生产制造单

NO 0002339

客户：	加工厂：	订货日期：	布号：F-25009
款号：S021	单价：	交货日期：14.2.22	纸样总数：3

款式图：

颜色						颜色					
布样						布样					
数量	F	S	M	L	XL	数量	F	S	M	L	XL
		20	25	20				20	25	20	
颜色						颜色					
布样						布样					
数量	F	S	M	L	XL	数量	F	S	M	L	XL

第一联存根（白）　第二联工厂（红）　第三联

完成尺寸表（英寸/公分）

SIZE	F	S	M	L	XL
衣/裤/裙长		18¾"	19¼"	19¾"	
胸围					
腰围		24½"	26½"	28½"	
臀围					
脚围					
肩宽					
袖长/前裆弧长					
袖口/后裆弧长					
袖幅					
袖圈/挂肩					
领宽(内/外)					
领深					

辅料栏	样板	用量	实发工厂数
1"宽丈根		23"	

生产工艺要求及注意事项：

注意事项：

包装方式：（挂装）（折装）（10件一整包）

商标	×1	洗标	×1	吊牌	×1

裁床唛架裁法：（AB裁）（顺毛）（逆毛）

备注：

制表：　　跟单：[illegible]　　纸样：[illegible]　　车版：

图8-66　生产制造单（三）

东莞天瑜服饰有限公司
生产制造单

NO 0002340

客户：	加工厂：	订货日期：	布： C9373
款号：S320	单价：	交货日期：14.2.25	纸样总数：8

款式图：

颜色						颜色					
布样						布样					
数量	F	S	M	L	XL	数量	F	S	M	L	XL
		15	20	15							
颜色						颜色					
布样						布样					
数量	F	S	M	L	XL	数量	F	S	M	L	XL

完成尺寸表（英寸/公分）

SIZE	F	S	M	L	XL
衣/裤/裙长		22$\frac{1}{4}$"	22$\frac{1}{2}$"	22$\frac{3}{4}$"	
胸围		25$\frac{1}{2}$"	37$\frac{1}{2}$"	39$\frac{1}{2}$"	
腰围		33$\frac{1}{2}$"	35$\frac{1}{2}$"	37$\frac{1}{2}$"	
臀围					
脚围					
肩宽		14"	14$\frac{1}{2}$"	15"	
袖长/前裆弧长		8$\frac{3}{4}$"	9"	9$\frac{1}{4}$"	
袖口/后裆弧长					
袖幅					
袖圈/挂肩					
领宽（内/外）					
领深					

辅料栏	样板	用量	实发工厂数
$\frac{1}{2}$"钮子		×1	

生产工艺要求及注意事项：

注意事项：

包装方式：（挂装）（折装）（10件一整包）

商标	×1	洗标	×1	吊牌	×1

裁床唛架裁法：（AB裁）（顺毛）（逆毛）

备注：

制表：　　跟单：凤　　纸样：虎　　车版：

第一联存根（白）　第二联工厂（红）　第三联跟单

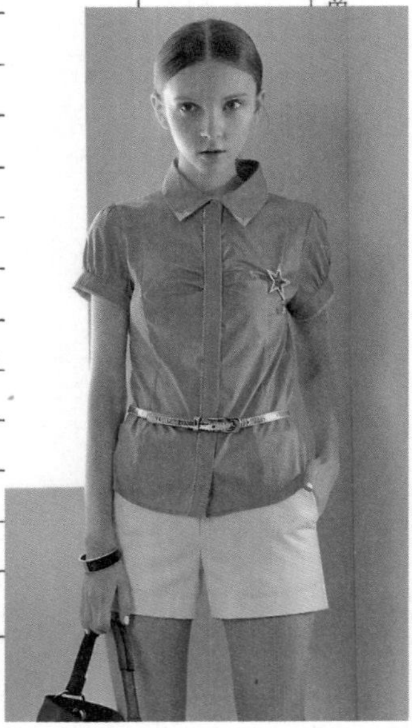

图8-67　生产制造单（四）

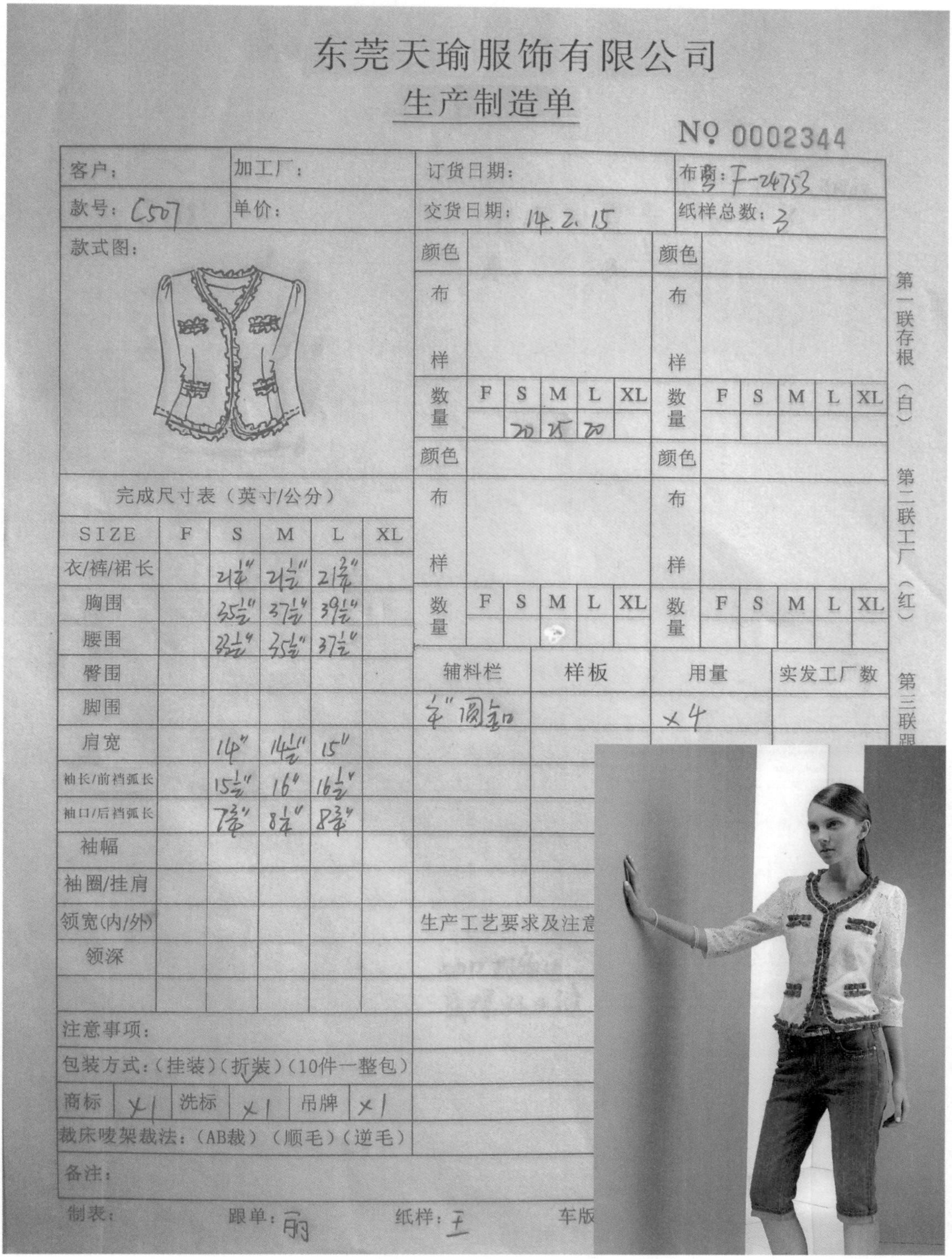

东莞天瑜服饰有限公司
生产制造单

NO 0002344

客户：	加工厂：	订货日期：	布剪：F-24753
款号：C507	单价：	交货日期：14.2.15	纸样总数：3

款式图：

	颜色							颜色								
	布样							布样								
	数量	F	S	M	L	XL		数量	F	S	M	L	XL			
			20	25	20											
	颜色							颜色								

完成尺寸表（英寸/公分）

SIZE	F	S	M	L	XL
衣/裤/裙长		21¼"	21½"	21¾"	
胸围		35½"	37½"	39½"	
腰围		33½"	35½"	37½"	
臀围					
脚围					
肩宽		14"	14½"	15"	
袖长/前裆弧长		15½"	16"	16½"	
袖口/后裆弧长		7¾"	8¼"	8¾"	
袖幅					
袖圈/挂肩					
领宽(内/外)					
领深					

	布样							布样						
	数量	F	S	M	L	XL		数量	F	S	M	L	XL	

辅料栏	样板	用量	实发工厂数
¾"圆钮扣		×4	

生产工艺要求及注意

注意事项：

包装方式：（挂装）（折装）（10件一整包）

商标 ×1	洗标 ×1	吊牌 ×1

裁床唛架裁法：（AB裁）（顺毛）（逆毛）

备注：

制表：　　　跟单：丽　　　纸样：王　　　车版

第一联存根（白）　第二联工厂（红）　第三联跟

图8-68　生产制造单（五）

东莞天瑜服饰有限公司

生产制造单

NO 0002341

客户：	加工厂：	订货日期：	布号：F-24753、31462.
款号：S338	单价：	交货日期：14. 2. 21	纸样总数：6

款式图：

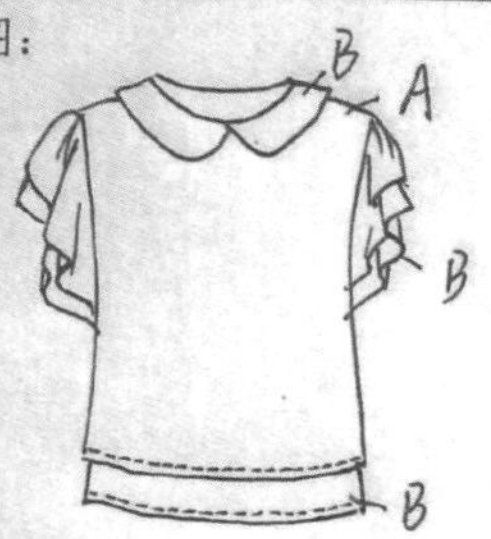

颜色	A　B	颜色	
布样		布样	

数量	F	S	M	L	XL	数量	F	S	M	L	XL
		20	25	20							

颜色		颜色	
布样		布样	

数量	F	S	M	L	XL	数量	F	S	M	L	XL

完成尺寸表（英寸/公分）

SIZE	F	S	M	L	XL
衣/裤/裙长		22 1/4"	22 1/2"	22 3/4"	
胸围		35 1/2"	37 1/2"	39 1/2"	
腰围		34 1/2"	36 1/2"	38 1/2"	
臀围					
脚围					
肩宽		14"	14 1/2"	15"	
袖长/前裆弧长		4 3/4"	5"	5 1/4"	
袖口/后裆弧长					
袖幅					
袖圈/挂肩					
领宽(内/外)					
领深					

辅料栏	样板	用量	实发工厂数

生产工艺要求及注意事项：

袖口打密边

底摆环口缝

注意事项：

包装方式：（挂装）（折装）（10件一整包）

商标 ×1　洗标 ×1　吊牌 ×1

裁床唛架裁法：（AB裁）（顺毛）（逆毛）

备注：

制表：　跟单：康　纸样：王　车版：

第一联存根（白）　第二联工厂（红）　第三联跟单

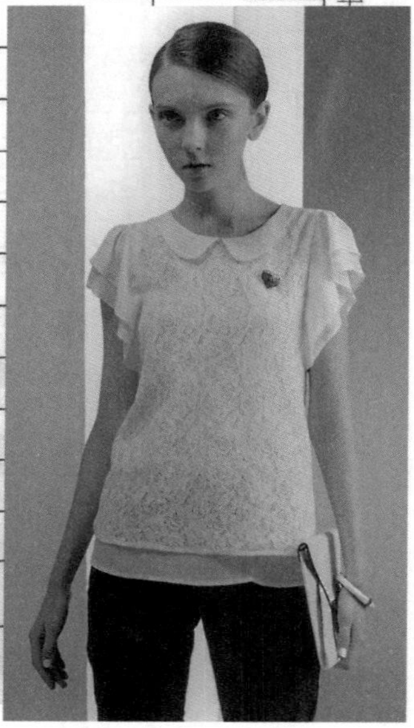

图8-69　生产制造单（六）

东莞天瑜服饰有限公司

生产制造单

NO 0002342

客户：	加工厂：	订货日期：	布号：31462、C-5818、F-2408.
款号：D509	单价：	交货日期：14.2.26	纸样总数：10

款式图：

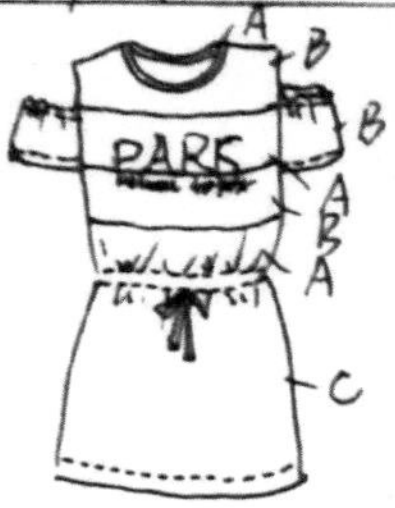

颜色	A	B	C			颜色					
布样						布样					
数量	F	S	M	L	XL	数量	F	S	M	L	XL
		20	25	20							
颜色						颜色					
布样						布样					
数量	F	S	M	L	XL	数量	F	S	M	L	XL

第一联存根（白）

第二联工厂（红）

第

完成尺寸表（英寸/公分）

SIZE	F	S	M	L	XL
衣/裤/裙长		31½"	32½"	33½"	
胸围		36½"	38½"	40½"	
腰围		36½"	38½"	40½"	
臀围		37½"	39½"	41½"	
脚围					
肩宽		13½"	14"	14½"	
袖长/前裆弧长					
袖口/后裆弧长					
袖幅					
袖圈/挂肩					
领宽(内/外)					
领深					

辅料栏	样板	用量	实发工厂数
1/4"丈根			
1/4"扁绳			

生产工艺要求及注意

烫印花.

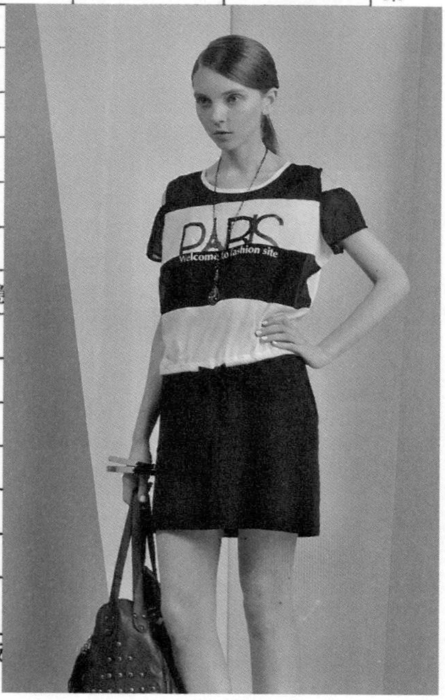

注意事项：

包装方式：（挂装）（折装√）（10件一整包）

商标 ×1　洗标 ×1　吊牌 ×1

裁床唛架裁法：（AB裁）（顺毛）（逆毛）

备注：

制表：　跟单：丽　纸样：王　车版

图8-70　生产制造单（七）

案例五：尤茜蔓2015秋冬女装产品策划案（图8-71～图8-85）

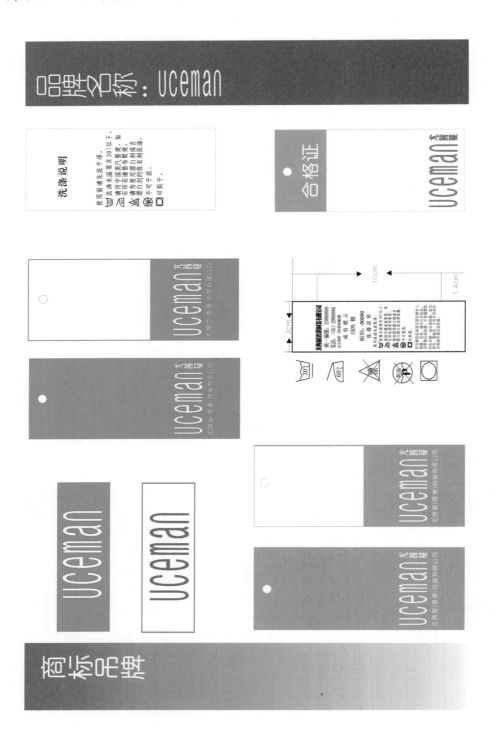

图8-71　商标吊牌

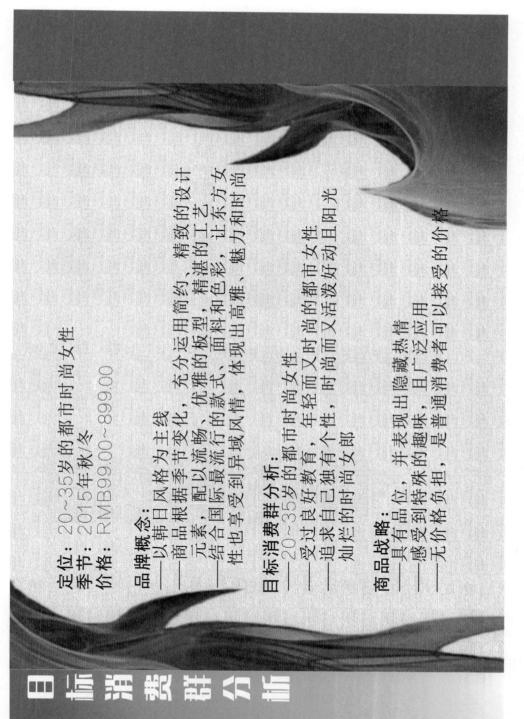

定位： 20~35岁的都市时尚女性
季节： 2015年秋/冬
价格： RMB99.00~899.00

品牌概念：
——以韩日风格为主线
——商品根据季节变化，充分运用简约、精致的设计
元素，配以流行的板型、优雅的款式，面料和色彩，精湛的工艺
——结合国际最流行的款式、面料和色彩，让东方女
性也享受到异域风情，体现出高雅、魅力和时尚

目标消费群分析：
——20~35岁的都市时尚女性
——受过良好教育，年轻而又时尚的都市女性
——追求自己独有个性，时尚而又活泼好动且阳光
灿烂的时尚女郎

商品战略：
——具有品位，并表现出隐藏热情
——感受到独特的趣味，且广泛应用
——无价格负担，是普通消费者可以接受的价格

图8-72　目标消费群体分析

图8-73　面料小样

图8-74　色卡

图8-75 款式设计方案（一）

款号：2015302

款号：2015404

款号：2015403

款号：2015105

款号：2015701
代表年份　　　"7"开头的代表裙子

款号：2015603

款号：2015202

款号：2015501
代表年份　　　"5"开头的代表外套

款号：2015303

款号：2015702

款号：2015106

针织衫　衬衫　毛织物　外套　裙子　裤子　连衣裙
RMB：128～399

上柜日期：2015年8月

款号	S	M	L

图8-76　款式设计方案（二）

款号：20157604

款号：2015405

款号：2015203

款号：2016406

款号：2015703

款号：2016706

款号：2015107

款号：2015502

款号：2015706

针织衫 衬衫 外套 裙子 裤子 连衣裙

RMB：128--399

上柜日期：2015年8月

款号	S	M	L

图8-77　款式设计方案（三）

款号: 2015304

款号: 2015503

款号: 20157204

款号: 2015707

款号: 2015407

款号: 2015109

款号: 2015205

款号: 2015605

款号: 2015108

针织衫 衬衫 毛织物 外套 裙子 裤子 连衣裙

RMB: 128--399

上柜日期: 2015年9月

款号	S	M	L

图8-78 款式设计方案（四）

图8-79　款式设计方案（五）

款号: 2015307

款号: 2015606

款号: 2015506

款号: 2015206

款号: 2015507

款号: 2015710

款号: 2015113

款号: 2015709

款号: 2015308

款号: 2015207

款号: 2015114

uceman 2015秋/冬女装商品系列集

毛织物　针织衫　衬衫　外套　裙子　裤子　连衣裙

RMB: 128--599

上柜日期:2015年10月

款号	S	M	L

图8-80　款式设计方案（六）

图8-81　款式设计方案（七）

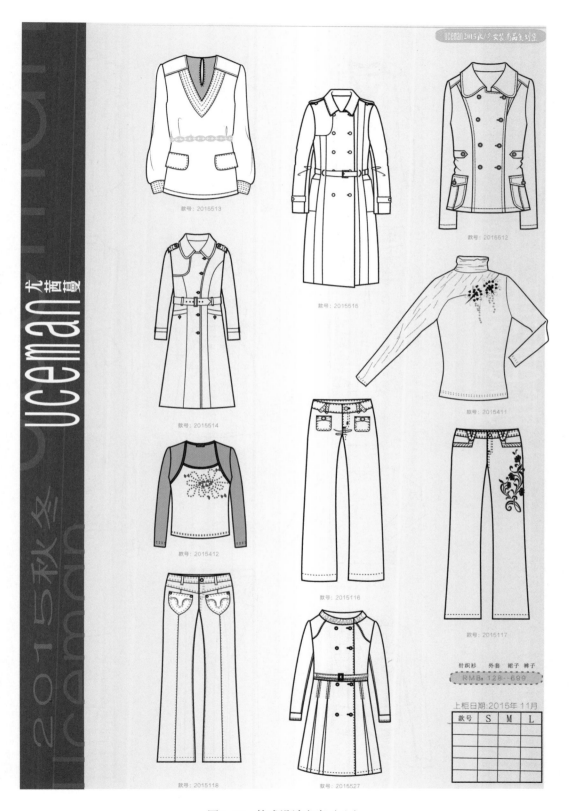

图8-82　款式设计方案（八）

图8-83 款式设计方案（九）

图8-84 款式设计方案（十）

图8-85　款式设计方案（十一）